UN240487

必ず知っておきたい

犬と猫に危険な

有毒植物図鑑

土橋　豊　著
博士（農学）

髙島一昭　監修
博士（獣医学）・博士（医学）

緑書房

はじめに

著者はこれまでに、身近な園芸植物にも健康被害を引き起こす有毒植物が多いことを明らかにし、これらの有毒植物を排除するのではなく、まず知ることが重要であるという観点から、2015年に『人もペットも気をつけたい園芸有毒植物図鑑』（淡交社）を著しました。幸い好評であったことから、2022年には増補改訂版を上梓しています。同書では人に対してだけでなく、家族と同様に心が通じ合うコンパニオンアニマル（伴侶動物）の代表である犬・猫についても項目を設けて解説しています。大学における講義や講演会などで感じたことは、聴講者の多くの方が、人だけでなくコンパニオンアニマルに対する健康被害とその原因植物について関心が高いことでした。

この度、緑書房よりご依頼があり、『必ず知っておきたい犬と猫に危険な有毒植物図鑑』として、園芸植物だけでなく、野生植物も含めて上梓することができました。第1章でも解説していますように、植物が原因となる健康被害は後を絶ちません。本書では、自宅の周辺だけでなく、散歩など野外で出会う植物も解説しています。これらの有毒植物をよく知り、適切な処置を行うことは飼い主の責任です。そこで、植物の知識に触れる機会が少ない飼い主の皆さまにもわかるように、簡易検索表と写真やアイコンを多用し、遭遇が想定される有毒植物がすぐにわかるようにしました。また、被害を軽減するために、まず何をすればいいのか判断できるように、【最初の対応】を設けました。さらに、コンパニオンアニマルについて学ぶ学生の皆さんにも役立つように、【有毒部位】【成分】【病態･症状】を解説しています。これらの情報は、臨床獣医師の皆さまにも役に立つと考えております。なお、本文中は、生物名として明確に区別するために、イヌ、ネコとカタカナ表記しています。

本書を大切なコンパニオンアニマルの命を守る基本図書として活用いただければ、望外の喜びとするところです。

最後になりましたが、本書の獣医学領域につきましては、臨床獣医師として豊富なご経験をお持ちの高島一昭博士（倉吉動物医療センター、米子動物医療センター総院長）に監修をお願いしました。適切なご指摘に感謝申し上げます。

2025年1月吉日　土橋　豊

目次

本書の使い方

サトイモ科

サトイモ（タイモ、ハタイモ）　①

【学名】*Colocasia esculenta*　【英名】taro

ペットへの有毒性

②

毒性タイプ

③　高

場所

④

食用部の塊茎

⑤

【特徴】

地下部の塊茎（かいけい）を食用とする根菜類です。葉は大きく、長い葉柄があります。

【有毒部位】

全草に含まれ、カットした塊茎（芋）を浸した水にも含まれます。

【成分】

不溶性のシュウ酸カルシウム（calcium oxalate）が、細胞内に針状結晶で存在します。サトイモを洗うとき手がかゆくなる原因物質です。シュウ酸カルシウムは熱に弱いので、加熱後は問題ありません。

【病態・症状】　⑥

いずれも生のサトイモの場合です。

誤って触れた場合　皮膚炎

誤って食べた場合　胃炎／口腔・舌・口唇の痛みと炎症／重度の流涎／嘔吐／下痢／咽喉頭の腫脹による気道閉塞／嚥下困難

死亡する可能性もあります。

【最初の対応】

皮膚に触れたら10分程度水で洗い、赤みや発疹が現れた場合は動物病院を受診してください。食べた場合、量によっては命にかかわります。緊急治療が必要になる可能性があるので、様子を見ずに、ただちに動物病院を受診しましょう。

28

① 植物名・別名（標準和名以外の和名）・学名・異名（正しい学名以外の学名）・和名・英名を記載しています。

② イヌ と ネコ にとって有毒か否かを、アイコンの有無で表しています。
両方のアイコンがあればどちらにも有毒性がありますが、一方のみであればもう一方では有毒性が確認されていないということになります。

③ その植物の毒性タイプを高・中・低の３段階で表します。

毒性タイプ

場合によっては臓器不全、昏睡、および死につながる可能性があります。様子を見ずに、ただちに動物病院を受診しましょう。

吐き気、嘔吐、下痢、および重度の胃腸炎などの中毒症状が発現する可能性があります。すぐに動物病院を受診しましょう。

重度の中毒症状がみられる可能性は高くありませんが、万が一を考えて、動物病院を受診しましょう。

④ その植物が主にどこで見られるか、以下のアイコンで表します。

屋内

花壇

菜園

市街地

草原

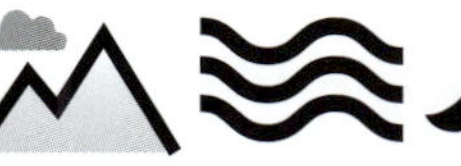
山間部　水辺　海辺

⑤ その植物の写真です。植物の姿がわかるもの、花や果実・種子などをアップにしたもの、よく知られている栽培品種なども掲載しています。

⑥ 植物の基本情報を掲載しています。

【特徴】植物が持つ性質や形状などを解説しています。一部、よく見られる栽培品種の解説を掲載している植物もあります。

【有毒部位】有毒性のある物質が、植物のどの部位に含まれているかを示します。

【成分】植物に含まれる成分のうち、イヌやネコにとって有毒性のあるものを示します。

【病態・症状】その植物に触れたとき、または食べたときに、どのような異変（病態・症状）がイヌやネコに現れるかを示します。死亡例がある場合は赤字で示します。なお、部位や状態により有毒性が異なる場合は黄色の下線を引いています。

【最初の対応】イヌやネコが植物に触れたり食べたりした場合、まずとってほしい飼い主の行動を示します。基本的には、動物病院を受診するようにしましょう。

有毒植物簡易検索表

ペットがどの植物を食べてしまったのか、すぐにわかる簡易検索表です。名前がわからない植物は、葉や葉脈などの特徴をもとに表を確認し、該当するページを参照してください。

簡易検索表１

人が食用とする植物	野菜		
	果物・ナッツ類		
	ハーブ・スパイス・嗜好料作物		
人が食用としない植物	つる植物 		
	つる植物ではない	葉脈の確認が困難	葉が多肉質またはない 
			葉または小葉が針状 
		葉脈の確認ができる	

簡易検索表２

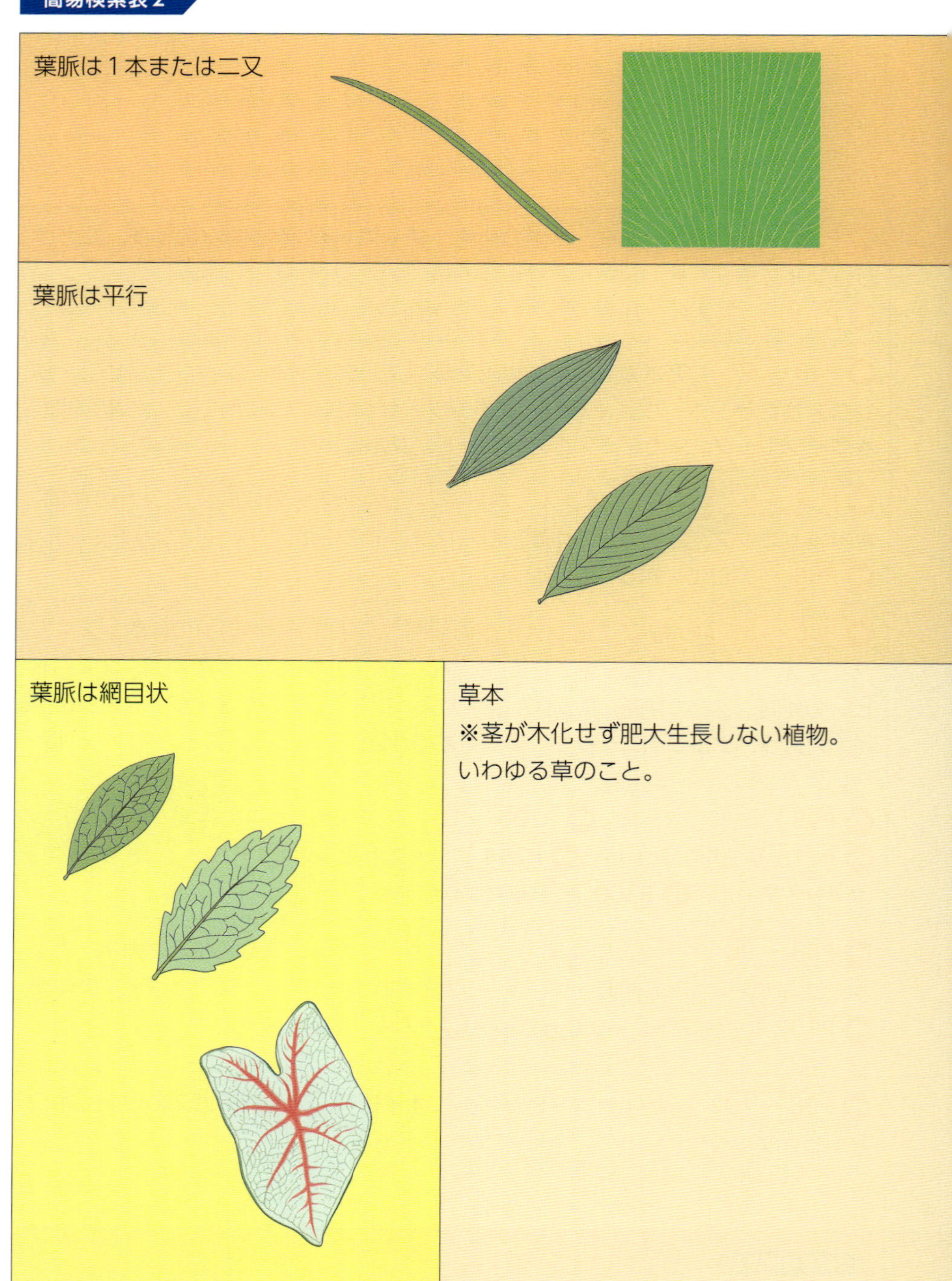

P103 〜 106

ソテツ、イチョウ、イヌマキ、イチイの仲間

P107 〜 154

フィロデンドロンの仲間、アグラオネマの仲間、ディフェンバキアの仲間、スパティフィラムの仲間、カラーの仲間、シュロソウの仲間、エンレイソウの仲間、アルストロメリアの仲間、コルチカムの仲間、グロリオサ、バイモ、ユリの仲間、チューリップの仲間、アヤメの仲間、グラジオラス、ヘメロカリスの仲間、アガパンサス、アリウムの仲間、クンシラン、ハマユウ、スノードロップ、アマリリス、ヒガンバナの仲間、スイセンの仲間、ネリネの仲間、タマスダレ、アガベの仲間、スズランの仲間、コルディリネの仲間、ドラセナの仲間、ギボウシの仲間、ヒアシンス、オモト、オーニソガラムの仲間、ユッカの仲間、ゴクラクチョウカ、トラデスカンティアの仲間、芒があるイネ科植物

P156 〜 229

アロカシアの仲間、アンスリウムの仲間、カラジウム、テンナンショウの仲間、ムラサキケマンの仲間、クサノオウ、アザミゲシ、ケシの仲間、ケマンソウ、タケニグサ、イカリソウ、フクジュソウ、トリカブトの仲間、アネモネ、シュウメイギク、オダマキの仲間、デルフィニウムの仲間、ラナンキュラス、キンポウゲの仲間、クリスマスローズの仲間、シャクヤク、ムラサキセンダイハギ、ルピナスの仲間、クローバーの仲間、ベゴニアの仲間、イラクサ、カタバミの仲間、セイヨウオトギリソウ、トウダイグサの仲間、トウゴマ、ヘンルーダ、ゼラニウムの仲間、アグロステンマ、カーネーション・ナデシコの仲間、シュッコンカスミソウ、アカザ、ヨウシュヤマゴボウ、オシロイバナ、ホウセンカの仲間、シクラメン、プリムラの仲間、トウワタ、ニチニチソウ、シナワスレグサ、ヘリオトロープ、コンフリー、トウガラシの仲間、ホオズキ、ダチュラの仲間、ヒヨス、タバコの仲間、ハシリドコロ、ヒヨドリジョウゴの仲間、ジギタリス、キューバンオレガノ、サワギキョウの仲間、キキョウ、キク、ダリア、エキナセア、フジバカマ、ヘレニウム、シロタエギク、シネラリア、オオオナモミ、ドクゼリ、ドクニンジン（簡易検索表3へ続く）

簡易検索表３

葉脈は網目状	木本 ※幹が木化し肥大生長する植物。 いわゆる木、樹木のこと。
沖縄などの亜熱帯地域に限り、戸外で見られる	

P230 ～ 287 シキミ、モクレン、クロバナロウバイ、ナンテン、セイヨウツゲ、ボタン、ユズリハ、エニシダ、キングサリ、ハリエンジュ、エビスグサ、ネムノキ、トキワサンザシ、シロヤマブキ、インドゴムノキの仲間、ドクウツギ、マサキの仲間、クロトン、ポインセチア、彩雲閣、ハナキリン、ナンキンハゼ、ユーカリの仲間、ウルシの仲間、トチノキの仲間、ミヤマシキミ、センダン、アブチロンの仲間、ハイビスカスの仲間、ジンチョウゲの仲間、アジサイの仲間、エゴノキ、カルミア、アメリカイワナンテン、アセビ、ツツジ･シャクナゲの仲間、チェッカーベリー、キョウチクトウ、ブルグマンシアの仲間、ツノナス、フユサンゴ、ニオイバンマツリの仲間、ヤコウボク、イボタノキの仲間、デュランタ、ランタナの仲間、セイヨウヒイラギ、カクレミノ、ヤツデ、シェフレラの仲間、ポリスキアスの仲間

P86 キンギンボク

P288 ～ 303 オウコチョウ、ゴールデン・シャワー、ホウオウボク、デイゴの仲間、ベニヒモノキの仲間、アカリファ、ユーフォルビア・コティニフォリア、ペディランサス、テイキンザクラ、サンゴアブラギリ、キャッサバ、アデニウム、アラマンダの仲間、キバナキョウチクトウ、ミフクラギの仲間、プルメリアの仲間

第1章

有毒植物の基礎知識

1. 毒とは

生物に対して何らかの作用を及ぼす物質は、**生物活性物質**(または**生理活性物質**)と総称されています。

生物活性物質のうち、私たち人または人に密接にかかわる動物(ペットを含む家畜など)に対して好ましい作用を及ぼすものを「**薬**」、好ましくない作用を及ぼすものを「**毒**」と呼んでいます。このように、薬か毒かは人から見た分類であり、物質によっては薬にも毒にもなることが多く、まさに「薬と毒は紙一重」といえます。

16世紀に活躍した医師であり化学者、そして錬金術師のパラケルスス(本名:テオフラストゥス・フォン・ホーエンハイム)は、「すべてのものは毒であり、毒でないものなど存在しない。その服用量こそが毒であるか、そうでないかを決めるのだ」と述べ、服用量に影響される「毒」と「薬」の関係を的確に示しました。例えば、トリカブト属のように薬用植物として扱われるものも、服用量が多いために死に至る事例が多数あります。また、コーヒーや茶に含まれるアルカロイドのカフェイン

毒の由来による分類

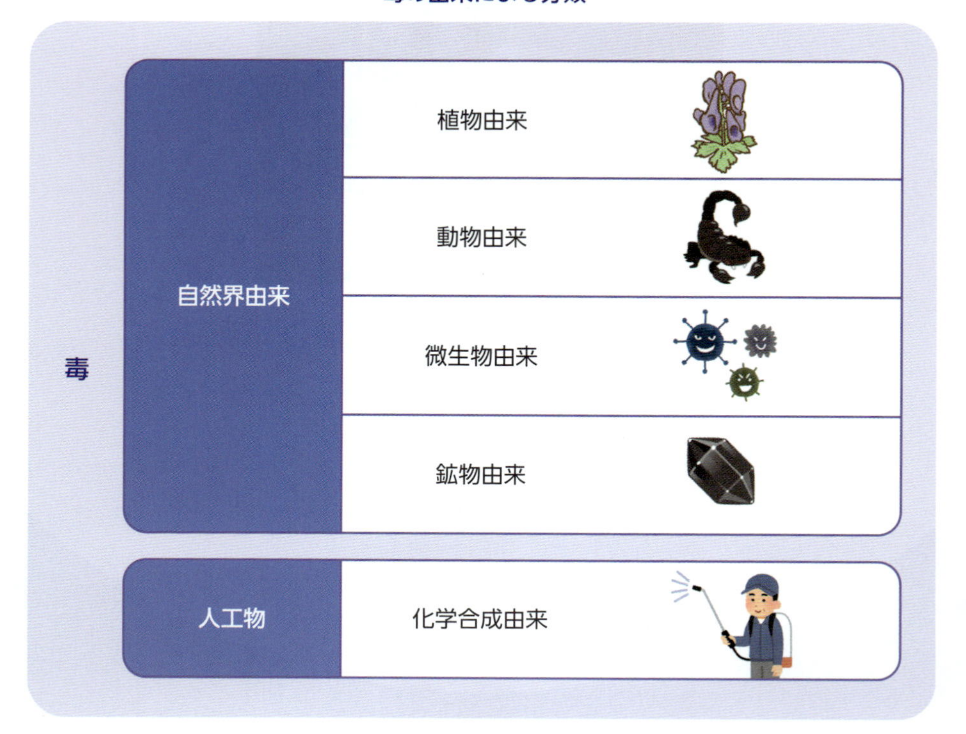

には中枢神経興奮作用があり、通常量の飲用は問題ありませんが、成人ではコーヒーを一度に12～24リットル、玉露を6.5リットル飲むと**半数致死量**（投与した動物の約半数が死に至る用量）に達します。

毒は**自然界由来の物質**か、**人工的に作出した物質**かで大きくふたつに分けることができます。自然界由来の毒は、鉱物由来のほか、植物や動物、微生物に由来する生物毒に分けることができます。菌類であるキノコに含まれる毒は、厳密には微生物に由来する毒とするべきですが、食中毒の統計上では植物由来として扱われています。なおキノコは、毒のないシイタケやシメジなどの食用キノコでも、生食すると健康被害を引き起こすとされます。本書ではキノコは植物に含まれないことから扱っていません。

2. 有毒植物とは

植物は光合成や呼吸などの代謝を行い、生命維持のために必要な炭水化物やアミノ酸などを生合成しています。さらにその植物に特徴的な、生命活動に必ずしも必要ではないさまざまな物質も生合成しています。これらの代謝は**二次代謝**と呼ばれ、生合成される産物を**二次代謝産物**と呼んでいます。

二次代謝産物のなかには**生物活性物質**が含まれています。多くの生物活性物質を含む植物のなかでも、植物を食べる動物に対し毒として作用する物質を体内に蓄積するものは、ほかの植物種より生き残る可能性が高くなると考えられます。毒として作用する生物活性物質を含む植物種が多いのは、当然のことと考えられます。

毒として作用する生物活性物質を含む植物を**有毒植物**と称しますが、同じ生物活性物質でも生物に好ましい作用を及ぼすと「薬」として扱われることがあり、この場合は**薬用植物**と総称されます。このように、薬か毒かは人から見た分類であり、物質によっては薬にも毒にもなることが多いのです。「薬と毒は紙一重」といいましたが、同じように「薬用植物と有毒植物は紙一重」といえるでしょう。くれぐれも「薬用植物だから大丈夫だ」とは思わないでください。

3. 植物の有毒成分

植物の毒性成分のなかでも最も代表的なものとして、**アルカロイド**(alkaloid)や**配糖体**(glycoside)、**テルペン**(terpene)などが知られます。

アルカロイドは、窒素原子を含む有機化合物のうち、アミノ酸やペプチド、たんぱく質などをのぞいた化合物の総称です。ほとんどはアルカリ性を示し、植物が含む有毒成分のなかでは最も多いものです。一般に、中枢神経系や自律神経系に作用し強い苦味を示します。有毒成分として代表的なものに、**ニコチン**(nicotine)や**アコニチン**(aconitine)などが知られます。アルカロイドがすべて有毒であると誤解している人もいますが、ビタミンB_1やうまみ成分であるイノシン酸も含まれます。

配糖体は水酸基を持つアルコール類、あるいはフェノール類と単糖類の1～数個がグリコシド結合したものの総称です。ステロイド系配糖体で、心臓に作用して拍動を強めるものを**強心配糖体**と総称し、例えば**コンバラトキシン**(convallatoxin)や**ジギトキシン**(digitoxin)などのように毒性が強いものが知られます。**サポニン**(saponin)も配糖体に含まれます。

テルペンは、炭素5個のイソプレンという化合物を構造単位としてできる天然有機化合物の総称です。精油(揮発性のある植物成分)の中によく含まれており、例えば**d-リモネン**(d-limonene)などが知られます。

また、皮膚炎を引き起こす毒性成分としては**シュウ酸塩**(oxalate salt)がよく知られ、水に可溶性のシュウ酸カリウムとシュウ酸ナトリウム、不溶性のシュウ酸カルシウムがあります。

4. 有毒植物によるイヌやネコへの健康被害の現状

飼育されているイヌやネコでは、有毒植物による健康被害の臨床例がよく知られています。公益財団法人日本中毒情報センターでは、中毒110番への電話相談の受信記録を中心に臨床例を集計・解析した「受診報告」を発表しています。2023年の報告によると、動物の急性中毒に関する問い合わせは310件あり、原因物質順では1位が植物(55件)、2位が殺虫剤(46件)、3位が食品(22件)とあります。本書で扱う植物や食品は問い合わせ件数に占める割合が多く、重篤な急性中毒を引き起こす症例が多いことがわかります。

アメリカでは、アメリカ動物虐待防止協会（ASPCA）が運営する動物中毒管理センター（APCC）で、動物の中毒による健康被害の問い合わせ件数が集計されています。2005年から2014年の10年間のデータを分析した報告（Swirskiら，2020）によると、イヌやネコの健康被害に関する情報を求める問い合わせ電話は合計241,253件あり、そのうち207,492件（86.0%）はイヌに関するもの、33,869件（14.0%）はネコに関するもので、圧倒的にイヌの問い合わせが多いと推測できます。

もちろん、問い合わせ件数は飼育頭数に影響されます。しかし、アメリカではイヌの飼育頭数がやや多いものの（表1）、飼育頭数の違いを考慮してもイヌのほうが健康被害に対する問い合わせが多く、より健康被害も多いことが推測されます。

表1：イヌとネコの飼育頭数比較

国名	飼育頭数（万頭）		文献番号（表下に記載）
	イヌ	ネコ	
アメリカ	6,510	4,650	1
ロシア	1,760	2,226	2
ドイツ	1,060	1,520	2
イギリス	1,270	1,190	2
イタリア	870	1,023	2
フランス	760	1,490	2
日本	684	907	3

1：全米ペット製品協会（2023～2024年）
2：ヨーロッパペットフード産業同盟（2022年）
3：一般社団法人ペットフード協会（2023年）

イタリアのミラノ中毒管理センター（CAV）の、2000年から2011年の有毒植物を原因とした健康被害に関するデータ分析によると、計100件の有毒植物による健康被害のうち、イヌが65件、ネコが21件と報告されています（Caloniら，2013）。イタリアにおける飼育頭数の違いを考慮しても、アメリカと同様にイヌのほうが健康被害も多いことが考えられます。

日本においては2017（平成29）年以降、ネコの飼育頭数がイヌを上回っていますが（表1）、飼育頭数を考慮しても、イヌのほうが有毒植物による健康被害がより多いと考えられます。ネコは肉食で、本来単独で狩りを行っていましたが、イヌは雑食性であり、群れで生活してきました。ネコはイヌに比べると知らないものに慎重であるとされています。また、ネコは完全室内飼育が主流となっているのに対し、イヌは室内飼育でも散歩を行うので、有毒植物に接する機会が多いと考えられます。

また、問い合わせされたイヌの年齢は2歳、ネコは3歳が多かったとされ（Swirskiら，2020）、ともに行動が活発な若い時期に被害が多いと考えられます。

季節傾向としては、クリスマスやお正月、バレンタインデーなどの行事が続く冬季のほうが夏季より誤食が多く、ネコよりイヌのほうがその傾向が顕著です（家庭どうぶつ白書2018）。

表2：APCCへの健康被害の問い合わせ件数トップ5（2005～2014年）

順位	イヌ		ネコ	
	分類	割合（%）	分類	割合（%）
1	人用医療品	40.82	人用医療品	32.74
2	人用食品	19.47	植物・野生キノコ	28.27
3	殺虫剤・肥料など	15.67	ペット用医薬品	15.27
4	植物・野生キノコ	9.68	殺虫剤・肥料など	10.33
5	ペット用医薬品	6.96	清掃・メンテナンス製品	8.33

※Swirskiら（2020）より作成

表3：APCCへの植物・キノコを原因とする健康被害の問い合わせ件数トップ5（2005～2014年）

順位	イヌ			ネコ		
	種類	割合(%)	本書掲載ページ	種類	割合(%)	本書掲載ページ
1	キノコ	0.97	―	ユリの仲間	5.86	p.118
2	ソテツの仲間	0.43	p.103	ドラセナの仲間	1.47	p.142
3	アジサイの仲間	0.29	p.264	スパティフィラムの仲間	1.16	p.110
4	スパティフィラムの仲間	0.24	p.110	カラーの仲間	0.83	p.111
5	ブドウ	0.24	p.42	アルストロメリアの仲間	0.73	p.114

※Swirskiら（2020）より作成　※キノコは植物ではないため、本書では扱っていない。

アメリカ動物虐待防止協会（ASPCA）のデータの分析報告（Swirskiら，2020）では、健康被害を引き起こす原因物質を分類しています。イヌの場合は1位が人用医療品、2位が人用食品、3位が殺虫剤･肥料など、4位が植物･野生キノコ、5位がペット用医薬品、ネコの場合は1位が人用医療品、2位が植物・野生キノコ、3位がペット用医薬品、4位が殺虫剤・肥料など、5位が清掃・メンテナンス製品と報告されています（表2）。

本書において扱う「有毒植物」は、上記報告における「人用食品」のうち、植物由来では加工品（例えばチョコレートなど）をのぞいたもの、「植物・野生キノコ」ではキノコをのぞいたものですが、ともに原因物質のトップ5に入っています。

ネコの場合、「植物・野生キノコ」のうちユリの仲間を原因とする健康被害が突出して多い傾向にあります（表3）。

なお、これらの健康被害は誤食により引き起こされた食中毒に関する情報です。人を対象とした植物による健康被害においても皮膚炎については公的統計データがないのが現状で、健康被害頻度は高いにもかかわらず潜在化している可能性があると指摘されています（土橋，2018）。イヌやネコでは、毛に何かが付着するとなめるので、経口摂取による中毒が起こる可能性があるため十分な注意が必要です。

5. イヌやネコが植物を食べるのはなぜ？

イヌやネコが植物を食べるのは、一般には体調が悪いときに野草などを食べることで、胃腸を整えられるためといわれています。しかし、近年のアメリカにおける研究により新たな知見が提供されています。

まずイヌに関しては、2007年に発表された報告があります（Bjoneら，2007）。この報告によると、12頭のイヌに植物を1日3回、6日間にわたって食べさせたところ、嘔吐したイヌはほとんどいませんでした。そして研究に参加したイヌはすべて健康で、寄生虫は認められなかったのです。このことより、イヌはお腹の調子が悪くて、吐きたいために植物を食べるわけではないと考えられます。

さらに1,571例のイヌのうち、68％が毎日または毎週、植物を食べたという研究結果が報告されています（Suedaら，2008）。植物を食べる前に体調が悪い兆候が見えたと報告されたのは9％のみであり、その後頻繁に嘔吐したと報告されたのは22％でした。また、若いイヌは年長のイヌよりも頻繁に植物を食べました。これらの報告から、イヌが植物を食べるのは珍しいことではなく、必ずしも体調を良くするために食べているとはいえないようです。

ネコの研究に関しては、2021年に報告されています（Hartら，2021）。ネコも同様に、植物を食べる前に体調が悪い兆候を示した個体はほとんどいませんでした。そのうち、頻繁に嘔吐したネコは27～37%で、若いネコは年長のネコよりも頻繁に植物を摂取していました。また、植物を食べることに関連して、体調を崩したり嘔吐したりする頻度は低かったと報告されています。毛玉を吐き出すために植物を食べるということも考えられますが、短毛のネコは長毛のネコと同じくらい頻繁に植物を食べており、毛玉を排出するためという仮説は否定されています。すなわち、ネコもイヌと同様に植物を食べるのは珍しいことではなく、必ずしも体調を良くするために食べているとはいえないようです。

また、精神的なストレスがあるときに植物を食べるともいわれており、運動不足や環境の変化、退屈なときにも食べるとされています。

以上のように、イヌもネコも植物を食べることは一般的な行動で、食べると危険な植物に気をつけるのは飼い主の責任である、ということを忘れないようにしましょう。

なお、植物そのものはイヌやネコに毒性がなくても、道端や公園などでは管理のために除草剤を散布している可能性があります。イヌの場合、散歩中はむやみに雑草などの植物を食べないように注意することが必要です。

6. 人は大丈夫なのに、イヌやネコに健康被害が発生するのはなぜ？

人にとって安全な食品でも、イヌやネコにとって安全とは限りません。なぜなら、人とは栄養素を分解する酵素や代謝機能が異なるからです。

よく知られる事例としては、嗜好品のチョコレートやココアの原料であるカカオに含まれるアルカロイドのテオブロミン（theobromine）です。人体には問題ありませんが、イヌはテオブロミンの代謝スピードが遅く、小型犬では50g程度のチョコレートで中毒症状を引き起こすことが知られています。

人が食べるからといって安全性を確かめずに、イヌやネコなどの人とは異なる生物種へ安易に人用の食材を与えることは慎んでください。

7. 家庭でできる対処法

7-1　予防・対策

- イヌやネコが近くにある物に関心を持つと、その結果として口に入れ、飲み込んでしまうことになります。したがって、飲み込んではいけない物、触れてはいけない物を、イヌやネコが近づくことができる場所に置かないことが重要です。
- 植物に関しては本書の第2章「犬や猫に有毒な植物」を参考にして、室内や庭（イヌの場合は散歩コースなども含む）に該当する植物があるかどうかをチェックしてください。
- 健康被害を引き起こす植物に該当するものは、イヌやネコが近づかない場所に移動してください。イヌの場合は、高さがある家具の上などに移動することも有効です。ネコの場合は、ネコが入らない部屋などに移動することをおすすめします。種子（タネ）や球根、人用の食材も同様です。
- 観賞用の植物を室内や庭、ベランダなどで楽しみたい場合は、第3章「有毒情報のない植物」を参考にしてください。
- イヌやネコがいる空間で人が食事すると、人用の食材に関心を寄せ、自分の食材だと認識する可能性が高くなります。できれば、人とイヌ・ネコが食事する空間は分けるほうが安全です。
- 仮に危険な植物を口にしている場面に遭遇したら、決して大声で騒がないようにしましょう。驚いて飲み込んでしまうことがあります。無理やり取ろうとすると、とくにイヌの場合は自分の物を守ろうとして飲み込む傾向があります。

7-2　健康被害が起こってしまったら

前述の通り、健康被害は起こる前が肝心であり、起こさないように努力することが重要です。それでも万が一健康被害が起きてしまったら、以下の対応を参考にしてください。

①まずは飼い主がパニックにならないように、冷静に対処する必要があります。
②症状が出ていなくても、異物を食べた可能性がある場合はただちに動物病院へ直行してください。専門家でない飼い主が無理やり吐かせるのは危険です。
③意識がない、倒れている、うずくまって動かない、けいれんしている、口腔内の

粘膜や舌、眼の結膜が白っぽい、下痢や嘔吐、呼吸困難、尿が出ないなどの症状がある場合は、ただちに動物病院に向かい、獣医師の診断を受けましょう。

④皮膚に触れて赤みや発疹が現れた場合は、すぐに10分程度水で洗い流してください。眼に入った場合は、水道水でやさしく洗い流してください。また、動物病院に行って対応を相談してください。

7-3　獣医師への連絡事項

- ▢ あなたの氏名、住所、電話番号
- ▢ 対象となる犬種または猫種、年齢、性別、体重
- ▢ 具体的な症状、いつまで元気だったか（いつ食べたか）
- ▢ 原因となる植物が特定できれば植物名（食べ残しや吐物、本書を持参する）、誤食または接触した日時を伝える。原因植物が特定できれば、動物病院で適切な治療を受けることができます
- ▢ 原因となる植物が特定できない場合は症状を伝える。受診する場合は、食べ残しや吐物、本書を持参する

第2章

犬や猫に有毒な植物

サトイモ科

サトイモ（タイモ、ハタイモ）

【学名】*Colocasia esculenta*　【英名】taro

ペットへの有毒性

屋内

菜園

葉

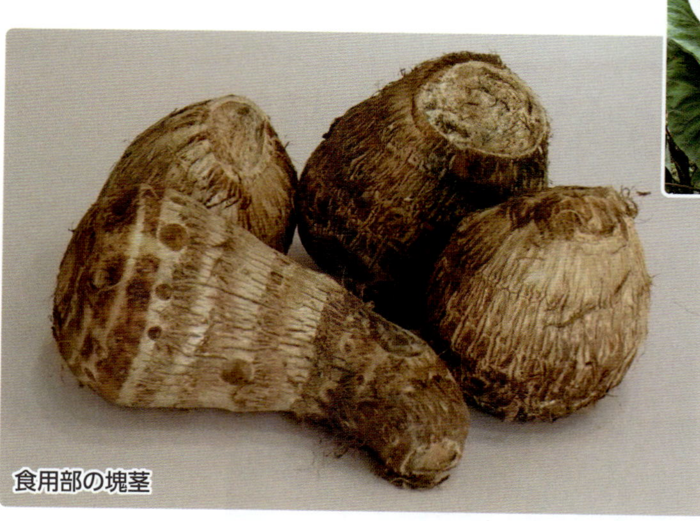

食用部の塊茎

【特徴】

地下部の塊茎（かいけい）を食用とする根菜類です。葉は大きく、長い葉柄があります。

【有毒部位】

全草に含まれ、カットした塊茎（芋）を浸した水にも含まれます。

【成分】

不溶性のシュウ酸カルシウム（calcium oxalate）が、細胞内に針状結晶で存在します。サトイモを洗うとき手がかゆくなる原因物質です。シュウ酸カルシウムは熱に弱いので、加熱後は問題ありません。

【病態・症状】

いずれも生のサトイモの場合です。

誤って触れた場合　皮膚炎

誤って食べた場合　胃炎／口腔・舌・口唇の痛みと炎症／重度の流涎／嘔吐／下痢／咽喉頭の腫脹による気道閉塞／嚥下困難

死亡する可能性もあります。

【最初の対応】

皮膚に触れたら10分程度水で洗い、赤みや発疹が現れた場合は動物病院を受診してください。食べた場合、量によっては命にかかわります。緊急治療が必要になる可能性があるので、様子を見ずに、ただちに動物病院を受診しましょう。

ヒガンバナ科

ネギの仲間

【学名】*Allium*　【和名】ネギ属

ペットへの有毒性

場所

屋内

菜園

【特徴と主な種類】

ネギの仲間として、たくさんの野菜やハーブが知られます。全草に硫化アリル（diallyl sulfide）が含まれるので、いわゆる「ネギ臭さ」があります。特有のにおいがあることから、生のものを食べることはあまりありませんが、さまざまな料理に使用されるので、飼い主が認識せずに与えることがあります。加熱すると甘みが出て、においが和らぐことで食べやすくなるため、注意する必要があります。人が食べても通常の量であればまったく問題ありませんが、イヌやネコなどでは健康被害が顕著で、「タマネギ中毒」と呼ばれています。花が美しい観賞用（P127）も知られます。

◆ タマネギ

肥大した鱗茎（りんけい）を食用とします。家庭菜園でもよく栽培されます。ハンバーグやコロッケ、シチュー、オムライスなどに使用される多様な食材として知られます。また、オニオンスープやデミグラスソース、焼き肉のたれなどにも含まれます。タマネギエキスも危険です。

根深ネギ

青ネギ

◆ **ネギ**

葉は上部の緑色の葉身と、その下の白色の葉鞘からなります。葉身は中空の円筒状で、その下の葉鞘も円筒状です。関東では成長とともに土を盛り上げて、日光に当てないようにすることで葉鞘部を白色化した根深ネギ（白ネギ、長ネギ、太ネギ）がよく利用されます。関西では日光を当てた葉身部を食し、青ネギ（葉ネギ）と呼びます。いずれも薬味や鍋物などに多用されます。青ネギはプランターでも栽培されます。

◆ **ニンニク**

鱗茎を香辛料として利用します。強烈な特有のにおいがあります。茎も「ニンニクの芽」と称して食用にします。肉の臭みを消し、その香りは食欲をそそるため、中国料理や西洋料理、インド料理などに多用されます。家庭菜園でも簡単に栽培できます。

◆ **ニラ**

特有のにおいがあり、緑の葉を葉ニラ、遮光して軟白化したものを黄ニラ、若い花茎を花ニラとして食用とします。道路脇や畦道、空き地などで野生化しています。

◆ **チャイブ**

葉はハーブとして利用され、セイヨウアサツキとも呼ばれます。アサツキもこの仲間です。細かく刻んでクリームチーズやバターに練り込んだり、スープの浮身に利用したりします。美しいピンク色の花も食用になります。家庭でもよく栽培されます。

ニラ

チャイブ

ギョウジャニンニク

◆ **ギョウジャニンニク**

葉はネギなどのように円筒状ではなく扁平で、ニンニクのような強いにおいを持ちます。山菜として近年、人気があります。

ほかにもラッキョウ、リーキ、エシャロット、野草のノビルなどが食用として利用されます。

【有毒部位】

全草。特に鱗茎、葉

【成分】

有機チオ硫酸化合物（sodium trans-1-propenylthiosulfate など）。有機チオ硫酸化合物は、加熱しても分解されません。

【病態・症状】

誤って食べた場合

これらのネギの仲間の摂食による食中毒は、「ネギ中毒」もしくは「タマネギ中毒」などと総称されることがあります。有機チオ硫酸化合物が赤血球を酸化し、赤血球が破壊され、溶血性貧血を生じます。重篤な場合は**死亡**する可能性があります。摂取すると、口腔内よりネギの仲間のにおいを発します。なお、直接的にネギの仲間を食べなくても、調理されたスープなどでも中毒を生じることがあります。

溶血による赤～コーヒー色の尿／溶血性貧血／呼吸困難／頻脈／腎臓病／筋力低下／肝障害／食欲不振

【最初の対応】

摂取量によっては命にかかわります。緊急治療が必要になる可能性があるので、様子を見ずに、ただちに動物病院を受診しましょう。

マメ科

ダイズ

【学名】*Glycine max*　【英名】soybean, soy bean

ペットへの有毒性　毒性タイプ　場所

屋内

菜園

【特徴】

完熟した種子をしぼるとダイズ油が搾油でき、豆腐や豆乳など、蒸したダイズを納豆菌で発酵させると納豆、炒って粉にするときな粉などに加工されます。お節料理の黒豆もダイズです。節分の日には豆まきとして炒ったダイズをまく風習があります。最も代表的な豆類です。

【有毒部位】

全草

【成分】

加熱していないダイズ：糖タンパクのレクチン（lectin）

【病態・症状】

誤って食べた場合

加熱していないダイズを食べると、以下の健康被害を引き起こすことがあります。

胃腸炎／重度の流涎／嘔吐／腹痛／下痢／呼吸困難／震え／衰弱／ふらつき／けいれん／尿失禁

【最初の対応】

摂取量によっては命にかかわります。緊急治療が必要になる可能性があるので、様子を見ずに、ただちに動物病院を受診しましょう。

マメ科

インゲンマメの仲間

【学名】*Phaseolus*　【和名】インゲンマメ属　【英名】bean, wild bean

ペットへの有毒性

毒性タイプ

場所

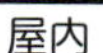

屋内

菜園

【特徴と主な種類】

食用豆としてよく知られます。

◆ インゲンマメ

サイトウ（菜豆）、サンドマメ（三度豆）とも呼ばれます。赤インゲン豆、白インゲン豆、うずら豆、虎豆などが知られます。

◆ ベニバナインゲン

花豆（紫花豆）とも呼ばれます。花や実が白いシロバナインゲンは白花豆と呼ばれます。

【有毒部位】

生または加熱不十分な種子（豆）

【成分】

レクチンの一種フィトヘマグルチニン（phyto-haemagglutinin）。インゲンマメでは赤インゲン豆、ベニバナインゲンではシロバナインゲン（白花豆）に多く含まれます。

【病態・症状】

誤って食べた場合

生または加熱不十分な種子（豆）を食べると、嘔吐・下痢といった中毒症状が生じることがあります。

【最初の対応】

摂取量が少なければ中毒になる可能性は高くありませんが、万が一を考えて、すみやかに動物病院を受診しましょう。

ウリ科

ニガウリ（ゴーヤ、ツルレイシ）

【学名】*Momordica charantia*　【英名】bitter gourd, karela , balsam pear

ペットへの有毒性

毒性タイプ

場所

屋内

菜園

【特徴】

果実は長さ 15 ～ 50cm ほどで、濃緑色から黄緑色、白緑色、表面のいぼが著しいものから滑らかなものまであります。完熟すると、果皮は黄色から橙色になり、縦にさけ、黄色～橙色の果肉と、赤くて甘い仮種皮（かしゅひ）に包まれた種子が現れます。未熟果を野菜として利用し、緑のカーテンとしてもよく栽培されています。

【有毒部位】

完熟果の果肉、種子。なお、甘くて赤い仮種皮は有毒ではありません。

【成分】

モモルジン（momordin）

【病態・症状】

誤って食べた場合

瞳孔散大／重度の流涎／吐き気／嘔吐／腹痛／下痢／筋力低下

【最初の対応】

中毒量を摂取した場合は、中毒症状が発現する可能性があります。すぐに動物病院を受診しましょう。

ヒユ科

スイスチャード

【学名】*Beta vulgaris* var. *cicla*　【和名】フダンソウ　【英名】Swiss chard

ペットへの有毒性

毒性タイプ

場所

屋内

菜園

スイスチャード（5月～12月）

【特徴】

根菜類として利用されるビートや砂糖の生産に使われるテンサイの仲間で、葉を食用として改良したものをスイスチャードと呼んでいます。葉脈が赤や黄色、白などに色づきます。サラダや炒め物に利用されます。仲間のビートは有毒であるという情報と、無毒であるという情報が混在しています。

【有毒部位】

葉および根

【成分】

シュウ酸（oxalic acid）

【病態・症状】

アメリカ動物虐待防止協会（ASPCA）では無毒とされており、評価は一定ではありません。

誤って食べた場合

時に腹痛／呼吸困難／心拍数の増加／チアノーゼ／尿石症

【最初の対応】

摂取量が少なければ中毒になる可能性は高くありませんが、万が一を考えて、すみやかに動物病院を受診しましょう。

ナス科

トマト

【学名】*Solanum lycopersicum*　【異名】*Lycopersicon esculentum*　【英名】tomato

ペットへの有毒性

毒性タイプ

場所

屋内　菜園

花と茎葉

未熟果

【特徴】

世界的に最も重要な野菜のひとつで、周年出回っています。栽培しやすく、苗もよく出回っていることから、家庭菜園でもよく栽培されます。収穫から出荷、店頭に並び、購入するまで数日かかることから、有毒である未熟果の状態で出荷されるのが一般的です。

【有毒部位】

全草。特に未熟な果実、茎葉、芽。熟した果実は無毒とされます。

【成分】

ポテトグリコアルカロイド (PGA) と総称される、α型ーソラニン (α-solanine) など

【病態・症状】

誤って触れた場合

皮膚炎

誤って食べた場合

瞳孔散大／重度の流涎／嘔吐／下痢／心拍数の減少／低血圧／食欲不振／神経症状／嗜眠／脱力／呼吸麻痺／意識消失

死亡する可能性もあります。

【最初の対応】

皮膚に触れたら 10 分程度水で洗い、赤みや発疹が現れた場合は動物病院を受診してください。食べた場合、量によっては命にかかわります。緊急治療が必要になる可能性があるので、様子を見ずに、ただちに動物病院を受診しましょう。

ナス科

ジャガイモ

【学名】*Solanum tuberosum*　【英名】potato

ペットへの有毒性

毒性タイプ

屋内

菜園

光が当たって、表皮周辺が緑色となったジャガイモ

【特徴】

塊茎をイモとして食用などに利用します。栽培する際は、ジャガイモに光が当たらないように土寄せを行います。収穫後の保管場所も光を当てないようにするとともに、芽が出ないように高温で明るい場所には置かないようにします。

【有毒部位】

全草。特に、芽周辺部および光が当たって緑色になった表皮周辺、まだ大きくなっていない小さなジャガイモ

【成分】

有毒成分のポテトグリコアルカロイド(PGA)と総称される、α型－ソラニン(α-solanine)とα型－チャコニン(カコニン:α -chaconine)など

【病態・症状】

誤って食べた場合

瞳孔散大／口腔内乾燥／嘔吐／腹痛／下痢／呼吸困難／呼吸不全／不安／興奮／震え／ふらつき／けいれん／虚脱／衰弱／頻尿／昏睡／心停止

死亡する可能性があります。

【最初の対応】

摂取量によっては命にかかわります。緊急治療が必要になる可能性があるので、様子を見ずに、ただちに動物病院を受診しましょう。

シソ科

シソ（オオバ、大葉）

【学名】*Perilla frutescens* var. *crispa*　【英名】perilla mint, shiso

ペットへの有毒性

毒性タイプ

場所

屋内　菜園

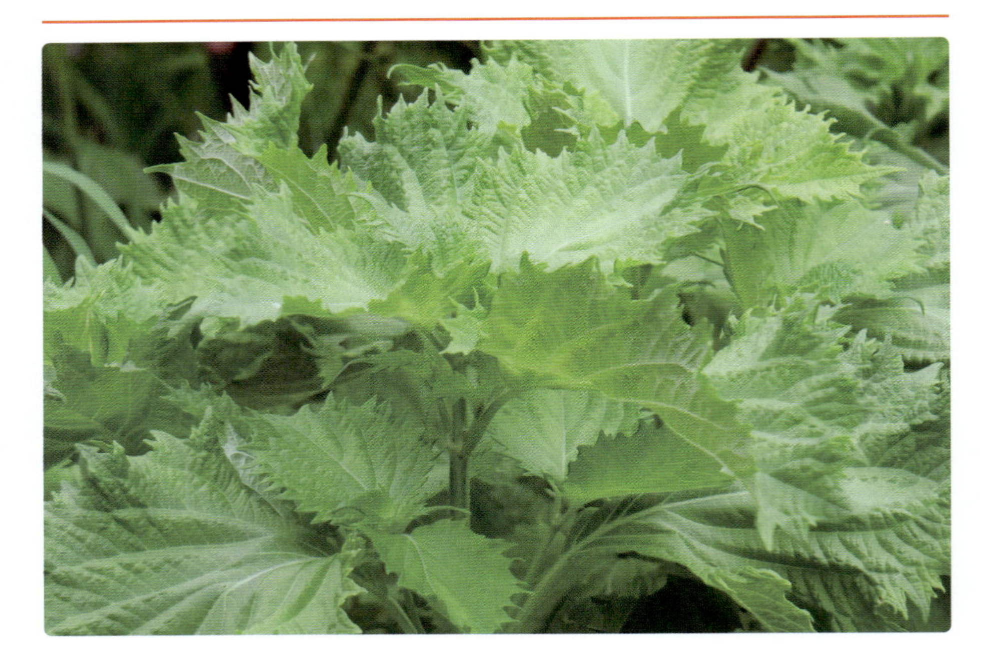

【特徴】

特有の芳香を有し、清涼感があります。葉が赤紫色の赤ジソと、葉が緑色の青ジソが知られます。赤ジソは梅干しの発色や漬物の色付けに、青ジソは香味野菜として刺身のつまなどに利用されます。また、花穂は穂ジソとして利用します。エゴマも同種のため、同様の毒性があると考えられます。

【有毒部位】

全草。特に花

【成分】

ケトン体のエゴマケトン（egomaketone）、イソエゴマケトン（isoegomaketone）

【病態・症状】

誤って食べた場合

呼吸困難／開口呼吸／呼気時の喘鳴／肺水腫／運動失調／高体温

死亡する可能性があります。

【最初の対応】

摂取量によっては命にかかわります。緊急治療が必要になる可能性があるので、様子を見ずに、ただちに動物病院を受診しましょう。

セリ科

パセリ

【学名】*Petroselinum crispum*【和名】オランダゼリ【英名】parsley, garden parsley, Italian parsley

ペットへの有毒性

屋内

菜園

【特徴】

さわやかな香りを持ち、葉は料理の付け合わせや飾り、香りづけに利用されます。日本では葉が縮れたカーリーパセリが一般的です。ヨーロッパでは香りや苦味が少なく、葉が平たくて縮れていないイタリアンパセリが一般的です。

【有毒部位】

全草

【成分】

光毒性物質であるフロクマリン類（furocoumarins）。同じセリ科のセロリでも、腐って褐変した部分に、フロクマリン類が多量に含まれていることが知られています。

【病態・症状】

誤って触れた場合

光接触皮膚炎

【最初の対応】

皮膚に触れた場合は、10分程度水で洗って汁液などを取りのぞき、赤みや発疹が現れたら動物病院を受診してください。

クスノキ科

アボカド

【学名】*Persea americana*　【和名】ワニナシ　【英名】alligator pear, avocado

ペットへの有毒性

毒性タイプ

場所

屋内

果実内の大きな種子

【特徴】

果実は洋ナシ形または球形で、革質の果皮は光沢があります。果肉は黄緑色で、種子は大きな球形です。日本で売られているアボカドのほとんどは輸入されたグアテマラ系で、皮が厚くゴツゴツしており、熟すと黒くなる特徴があります。

【有毒部位】

種子、果実（特に未熟果）、葉、枝

【成分】

ペルシン（persin）が含まれていますが、健康被害における作用機作についてはよくわかっていません。日本で販売されている、果実が大きいタイプのグアテマラ系が最も危険とされます。ペットフードにもアボカドを含むものがありますが、グアテマラ系のものではないと思われます。

【病態・症状】

誤って食べた場合

嘔吐／下痢／呼吸困難／肺および全身性うっ血／心臓病／けいれん／アレルギー症状／すい炎

【最初の対応】

摂取量によっては命にかかわります。緊急治療が必要になる可能性があるので、様子を見ずに、ただちに動物病院を受診しましょう。

パイナップル科

パイナップル

【学名】*Ananas comosus*　【英名】pineapple

ペットへの有毒性

毒性タイプ

場所

屋内

未熟果

【特徴】

生食として利用されることが多いですが、酢豚などにも使用されます。多くはフィリピンからの輸入により、日本では沖縄などで栽培されています。果実の先端には葉が集まって冠芽となり、これを挿し木することで、観葉植物として室内で栽培されることがあります。

【有毒部位】

未熟果、葉の汁液、葉や冠芽の尖った先端

【成分】

たんぱく質分解酵素のブロメライン(bromelain)、アクリル酸エチル（ethyl acrylate)、シュウ酸カルシウム（calcium oxalate）の針状結晶

【病態・症状】

誤って触れた場合　皮膚炎

中毒以外の注意点　（外傷）葉や冠芽の先端が目に入ることによる機械的損傷／葉や冠芽の先端を誤って食べたことによる口唇や舌の損傷

【最初の対応】

皮膚に触れた場合は、10分程度水で洗って汁液を取りのぞきます。赤みや発疹が現れたり、口唇などが傷ついた場合は動物病院を受診してください。

ブドウ科

ブドウ

【学名】*Vitis*　【英名】grape

ペットへの有毒性

毒性タイプ

屋内　菜園

干しブドウ

ブドウ'シャインマスカット'

【特徴】

ワイン用、生食用、干しブドウ用として、ヨーロッパブドウ（*V. vinifera*）と、アメリカブドウ（*V. labrusca*）が栽培されています。近年、両種の雑種により育成された、皮ごと食べることができる'シャインマスカット'は人気が高い栽培品種です。

特にイヌに対して有毒です。ネコへの安全性は確認されていないため、食べないほうが無難です。干しブドウ入りのパンなども有害です。

【有毒部位】

種子、果実、皮、葉、枝。干しブドウ（レーズン）を含む全株

【成分】

有毒成分は明らかにされていません。

【病態・症状】

誤って食べた場合

嘔吐／下痢／腎臓病／食欲不振／元気消失／乏尿・無尿

死亡する可能性もあります。

【最初の対応】

摂取量によっては命にかかわります。緊急治療が必要になる可能性があるので、様子を見ずに、ただちに動物病院を受診しましょう。

バラ科

ジューンベリー

【学名】*Amelanchier canadensis*　【和名】アメリカザイフリボク　【英名】juneberry

ペットへの有毒性

毒性タイプ

場所

花壇　菜園

開花期

結実期（5月後半〜6月）

【特徴】

高さ1〜8m。早春に白色の花を咲かせます。6月ごろに径1cmほどの果実を付け、黒紫色に熟し、生食します。果実の結実期より、英名「juneberry」の名が付いています。果実は生食のほか、パイやジャムにも利用されます。庭木としても栽培されています。
近縁のサスカトゥーン・ベリー（*A. alnifolia*）も同様の毒性があります。

【有毒部位】

全株。特に葉

【成分】

青酸配糖体のアミグダリン（amygdalin）。アミグダリンは無毒ですが、摂取後、胃腸などで分解されると有毒なシアン化水素（青酸）を発生します。

【病態・症状】

誤って食べた場合

重度の流涎／嘔吐／下痢／呼吸困難／開口呼吸／興奮／神経過敏／けいれん／脱力／意識不明／心停止／死流産
死亡する可能性もあります。

【最初の対応】

摂取量によっては命にかかわります。緊急治療が必要になる可能性があるので、様子を見ずに、ただちに動物病院を受診しましょう。

バラ科

ビワ

【学名】*Eriobotrya japonica*　【英名】loquat

ペットへの有毒性

【特徴】

花は11月～翌2月に開花します。果実は翌6月、枝先に房なりに付き、長さ4～5cmで、黄橙色に熟します。種子は褐色で光沢があり、長さ3cmほどです。庭木としてもよく栽培されています。鳥が種子を運んで、道端などに生えることがあります。

【有毒部位】

未熟果の果肉、種子

【成分】

青酸配糖体のアミグダリン（amygdalin）。アミグダリンは無毒ですが、摂取後、胃腸などで分解されると有毒なシアン化水素（青酸）を発生します。

【病態・症状】

誤って食べた場合

重度の流涎／嘔吐／下痢／呼吸困難／開口呼吸／興奮／神経過敏／けいれん／脱力／意識不明／心停止／死流産

死亡する可能性もあります。

【最初の対応】

摂取量によっては命にかかわります。緊急治療が必要になる可能性があるので、様子を見ずに、ただちに動物病院を受診しましょう。

バラ科

リンゴ

【学名】*Malus domestica*　【和名】セイヨウリンゴ　【英名】apple, apple tree

ペットへの有毒性

毒性タイプ

場所

屋内

菜園

未熟果

果実断面と種子

【特徴】

代表的な果物のひとつで、家庭内で頻繁に食されます。生食のほか、ジャムやジュース、アップルパイなどに加工されます。

【有毒部位】

枝、葉、種子

【成分】

青酸配糖体のアミグダリン（amygdalin）。アミグダリンは無毒ですが、摂取後、胃腸などで分解されると有毒なシアン化水素（青酸）を発生します。

【病態・症状】

誤って食べた場合

重度の流涎／嘔吐／下痢／呼吸困難／開口呼吸／興奮／神経過敏／けいれん／脱力／意識不明／心停止／死流産

死亡する可能性もあります。

【最初の対応】

摂取量によっては命にかかわります。緊急治療が必要になる可能性があるので、様子を見ずに、ただちに動物病院を受診しましょう。

バラ科

サクランボ

【学名】*Prunus*　【和名】オウトウ（桜桃）　【英名】cherry

ペットへの有毒性

毒性タイプ

場所

‘佐藤錦’の果実（6月・7月）と種子

【特徴】

日本で現在栽培されているサクランボは、セイヨウミザクラ（*P. avium*）などから改良されたものです。‘佐藤錦’は特に品質がよく、人気があります。

【有毒部位】

全株。特に種子（仁）、葉

【成分】

青酸配糖体のアミグダリン（amygdalin）。アミグダリンは無毒ですが、摂取後、胃腸などで分解されると有毒なシアン化水素（青酸）を発生します。また、青酸配糖体のプルナシン（prunasin）も含まれます。

【病態・症状】

誤って食べた場合

重度の流涎／嘔吐／下痢／呼吸困難／開口呼吸／興奮／神経過敏／けいれん／脱力／意識不明／心停止／死流産

死亡する可能性もあります。

【最初の対応】

摂取量によっては命にかかわります。緊急治療が必要になる可能性があるので、様子を見ずに、ただちに動物病院を受診しましょう。

バラ科

ウメ

【学名】*Prunus mume*　【英名】Chinese plum, Japanese plum, Japanese apricot

ペットへの有毒性

毒性タイプ

場所

屋内

梅干しや梅酒用の未熟果（6 月）

【特徴】

主に花を観賞する目的で栽培されるものを花梅、果実を利用する目的で栽培されるものを実梅と称します。果実は径 2 ～ 3cm のほぼ球形の核果（石果）で、硬い核の中に種子を 1 個含みます。未熟果を梅干しや梅酒などに加工するので、自家製の場合、保管に注意が必要です。また、種子の誤飲により腸閉塞が生じることもあるので気をつけましょう。

【有毒部位】

未熟果の果肉、種子

【成分】

青酸配糖体のアミグダリン（amygdalin）。アミグダリンは無毒ですが、摂取後、胃腸などで分解されると有毒なシアン化水素（青酸）を発生します。

【病態・症状】

誤って食べた場合

重度の流涎／嘔吐／下痢／呼吸困難／開口呼吸／興奮／神経過敏／けいれん／脱力／意識不明／心停止／死流産

死亡する可能性もあります。

【最初の対応】

摂取量によっては命にかかわります。緊急治療が必要になる可能性があるので、様子を見ずに、ただちに動物病院を受診しましょう。

バラ科

モモ

【学名】*Prunus persica*　【英名】peach

ペットへの有毒性

毒性タイプ

場所

屋内

【特徴】

食用および観賞用として栽培されています。現在、日本の市場に多く出回っている品種は、白桃系と白鳳系の桃です。近年、果肉が黄色い黄桃系も流通しています。
近縁のアンズ（*P. armeniaca*）、スモモ（*P. salicina*）、セイヨウスモモ（*P. domestica*）なども同様の毒性があります。

【有毒部位】

未成熟な果実や種子

【成分】

青酸配糖体のアミグダリン（amygdalin）。アミグダリンは無毒ですが、摂取後、胃腸などで分解されると有毒なシアン化水素（青酸）を発生します。

【病態・症状】

誤って食べた場合

重度の流涎／嘔吐／下痢／呼吸困難／開口呼吸／興奮／神経過敏／けいれん／脱力／意識不明／心停止／死流産
死亡する可能性もあります。

【最初の対応】

摂取量によっては命にかかわります。緊急治療が必要になる可能性があるので、様子を見ずに、ただちに動物病院を受診しましょう。

クワ科

イチジク

【学名】*Ficus carica*　【英名】common fig, fig

ペットへの有毒性

毒性タイプ

場所

屋内

菜園

完熟果（6～11月）

【特徴】

果樹として世界中で広く栽培されています。切り口から白い乳液を出します。イチジクの仲間には、室内で観葉植物として利用されているものが多く見られます（P80、244 参照）。

【有毒部位】

全株。特に白色の乳液、果皮

【成分】

光毒性物質であるフロクマリン類（furocoumarins）や、たんぱく質分解酵素のシステインプロテアーゼ（cysteine protease）

【病態・症状】

誤って触れた場合

皮膚炎／結膜炎、眼のかゆみ

誤って食べた場合

アレルギー症状（発咳・喘鳴）／口内炎／胃腸炎／嘔吐／下痢

【最初の対応】

皮膚に触れたら 10 分程度水で洗い、赤みや発疹が現れた場合は動物病院を受診してください。食べた場合、量が少なければ中毒になる可能性は高くありませんが、万が一を考えてすみやかに動物病院を受診しましょう。

ミソハギ科

ザクロ

【学名】*Punica granatum*　【英名】pomegranate

ペットへの有毒性

毒性タイプ

屋内

菜園

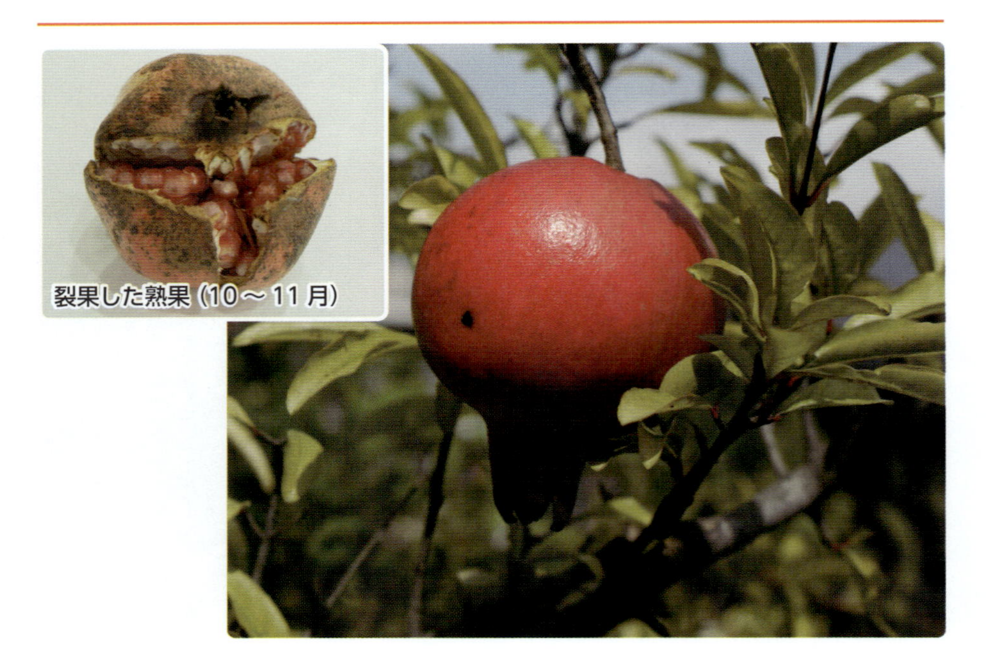
裂果した熟果（10～11 月）

【特徴】

秋になって熟すと、外側の厚く硬い果皮が不規則に裂け、赤く透明で粒状の多汁な果肉（仮種皮）が多数現れ、食用にします。食用部には有毒成分は含まれていません。根、樹皮は条虫駆除に、果皮は整腸や止血などに用いられます。

【有毒部位】

根、樹皮、果皮

【成分】

アルカロイドのペレチエリン（pelletierine）、イソペレチエリン（isopelletierine）、プセイドペレチエリン（pseudopelletierine）、タンニン（tannin）

【病態・症状】

誤って食べた場合

嘔吐／下痢／胃腸炎／中枢神経麻痺／運動失調／混乱／失神

【最初の対応】

摂取量によっては命にかかわります。緊急治療が必要になる可能性があるので、様子を見ずに、ただちに動物病院を受診しましょう。

ウルシ科

マンゴー

【学名】*Mangifera indica*　【英名】mango

ペットへの有毒性

毒性タイプ

場所

屋内

果実断面と種子（下）

【特徴】

代表的なトロピカルフルーツのひとつです。果実の形態や大きさは品種によってかなり異なりますが、勾玉状をした丸形や倒卵形、長楕円形でやや偏平です。果皮は黄色、緑色、赤色となります。果実の中の大きな種子は1個で、偏平な紡錘形をしています。誤って種子を飲み込んだ場合、苦しむようであればただちに獣医師に相談してください。

【有毒部位】

果皮、果肉、果汁

【成分】

アレルギー作用のあるウルシオール類似物質

【病態・症状】

アメリカ動物虐待防止協会（ASPCA）では無毒とされます。臨床上は、アレルギーが問題になることもあります。

誤って触れた場合　皮膚炎

【最初の対応】

皮膚に触れた場合は、10分程度水で洗って汁液などを取りのぞき、赤みや発疹が現れたら動物病院を受診してください。

ミカン科

ミカンの仲間

【学名】*Citrus*　【和名】ミカン属

ペットへの有毒性

毒性タイプ

場所

屋内

菜園

【特徴と主な種類】

たくさんの種類が知られ、多くは雑種により生まれたものです。柑橘類と総称されるものには、キンカンやカラタチなども含み、以前は別属とされていましたが、近年はミカン属に含まれます。生食のほか、特有の酸味や芳香を利用する香酸柑橘類があります。ペットへの健康被害があるとされるものとして、以下が知られます。

◆ メキシカンライム

ライムとはメキシカンライムとタヒチライムの総称ですが、一般にライムというと前者を指します。果汁をしぼってジュースやお酒に加えたり、料理に添えたりして、レモンのように香りと酸味を楽しみます。

◆ レモン

酸味や香りを楽しむ、代表的な香酸柑橘類のひとつです。未熟な緑色果のうちに収穫し、レモン色になるまで貯蔵してから出荷されることが一般的です。レモン色になるまで樹上に付けておくと、香りが劣ります。

グレープフルーツの断面

スイートオレンジ

◆ **グレープフルーツ**
果実は10～15cmほどの大きさで黄色く、球形で表面がでこぼこしています。果肉は柔らかく、汁が多く、淡い苦味があります。生食またはジュースに利用されます。

◆ **スイートオレンジ**
スイートオレンジはさまざまな大きさに成長し、形状も球形から細長い形まで多彩です。代表的な栽培品種として'バレンシア・オレンジ'が知られます。

【有毒部位】

果皮。果肉には含まれていません。

【成分】

d-リモネン（d-limonene）というテルペン系炭化水素。本属特有の香りを醸します。

【病態・症状】

誤って食べた場合（果皮）
嘔吐／下痢／沈うつ

【最初の対応】

果皮を誤って食べた場合、摂取量が少なければ中毒になる可能性は高くありませんが、万が一を考えて、すみやかに動物病院を受診しましょう。

マタタビ科

キウイフルーツ（キーウィ）

【学名】*Actinidia chinensis* var. *deliciosa*　【異名】*A. deliciosa*　【英名】kiwifruit

ペットへの有毒性

毒性タイプ

場所

屋内

菜園

果実の断面

【特徴】

果実は長さ5～8cmの卵形で、褐色の短毛が密生しています。果肉は美しい緑色が一般的です。家庭栽培も一般的です。
マタタビに近縁なため、幼木や若葉はネコの被害を受けることがあります。マタタビにはネペタラクトール（nepetalactol）を含みます。ネペタラクトールには蚊を寄せつけない効果があることから、ネコがマタタビを体に擦り付けたりするのは、蚊よけのための行動と報告されています。

【有毒部位】

果実

【成分】

キウイフルーツによる口腔アレルギー症候群の原因物質である、たんぱく質分解酵素アクチニジン（actinidin）

【病態・症状】

アレルギーを持っているイヌやネコについては、以下の症状がみられます。

誤って食べた場合

アレルギー症状／咽喉頭や胃腸への刺激

【最初の対応】

摂取量が少なければ中毒になる可能性は高くありませんが、万が一を考えて、すみやかに動物病院を受診しましょう。

ヤマモガシ科

マカダミア

【学名】*Macadamia integrifolia*　【英名】macadamia, Australia nut, Queensland nut

マカダミアナッツ

【特徴】

果実は径 3cm ほどで、熟すと裂開します。仁（ナッツ／種子の核）を塩炒りしたものを、マカダミアナッツとして食用にします。食塩で味付けしたり、チョコレートで包んだり、砕いてクッキーやケーキに使用したりします。

【有毒部位】

ナッツ（種子の核）

【成分】

有毒成分は特定されていません。

【病態・症状】

イヌが好むといわれます。

誤って食べた場合

嘔吐／心拍数の増加／運動失調／強直／筋力低下／四肢の腫脹／沈うつ／苦痛／麻痺（特に後肢）／震え／高体温／衰弱／あえぎ呼吸

【最初の対応】

摂取量によっては命にかかわります。緊急治療が必要になる可能性があるので、様子を見ずに、ただちに動物病院を受診しましょう。

バラ科

アーモンド

【学名】*Prunus amygdalus*　【異名】*P. dulcis*　【英名】almond

ペットへの有毒性

毒性タイプ

場所

屋内

花と果実

【特徴】

果実の核の中の種子（仁）をナッツとして利用しています。塩味を付けて食べたり、チョコレートで包んだり、フィナンシェなど洋菓子の材料にしたりします。

【有毒部位】

全株。特に種子（仁）、葉

【成分】

青酸配糖体のアミグダリン（amygdalin）。アミグダリンは無毒ですが、摂取後、胃腸などで分解されると有毒なシアン化水素（青酸）を発生します。また、青酸配糖体のプルナシン（prunasin）も含まれます。

【病態・症状】

誤って食べた場合

重度の流涎／嘔吐／下痢／呼吸困難／開口呼吸／興奮／神経過敏／けいれん／脱力／意識不明／心停止／死流産

死亡する可能性もあります。

【最初の対応】

摂取量によっては命にかかわります。緊急治療が必要になる可能性があるので、様子を見ずに、ただちに動物病院を受診しましょう。

クルミ科

クルミ

【学名】*Juglans*　【英名】walnut、black walnut

ペットへの有毒性

毒性タイプ

場所

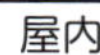

屋内

ナッツ

オニグルミの核の断面

【特徴】

クルミ科クルミ属の総称で、果実の核の中にある種子（仁）はナッツとして利用されています。核は非常に硬く、専用のクルミ割り器が知られます。日本にはオニグルミなどが自生しています。核は「クルミ殻」と呼ばれて、ガーデニングのマルチ材などに利用されています。

【有毒部位】

全株

【成分】

ユグロン（juglone）

【病態・症状】

少量では問題ありませんが、多量に摂取すると、以下の症状を引き起こします。人間と同様に、くるみアレルギーを引き起こす可能性もあります。また、自然のクルミの場合はカビ毒に注意しましょう。

誤って食べた場合

嘔吐／胃腸炎／呼吸促迫／後肢の浮腫／歩行異常／けいれん／嗜眠／振戦

【最初の対応】

摂取量によっては命にかかわります。緊急治療が必要になる可能性があるので、様子を見ずに、ただちに動物病院を受診しましょう。

イネ科

レモングラス

【学名】*Cymbopogon citratus*　【英名】lemon grass, lemongrass, West Indian lemon grass

ペットへの有毒性

屋内　花壇　菜園

料理用に調整されたレモングラス

【特徴】

タイのスープ・トムヤムクンなどの料理の香り付けに用いられたり、ハーブティーとして利用されたりします。レモンの香味成分であるシトラール（citral）を含有し、エッセンシャルオイル（精油）としても利用されます。

【有毒部位】

全草

【成分】

精油、エッセンシャルオイル

【病態・症状】

誤って触れた場合

皮膚炎（エッセンシャルオイルに触れた場合）

【最初の対応】

皮膚に触れた場合は、10分程度水で洗って汁液などを取りのぞき、赤みや発疹が現れたら動物病院を受診してください。

ムラサキ科

ボリジ

【学名】*Borago officinalis*　【和名】ルリジサ　【英名】borage, starflower

ペットへの有毒性

毒性タイプ

場所

花壇

【特徴】

茎や葉には粗毛が密生します。6月から8月にかけて、青色で星形の花を下向きに咲かせます。花はエディブルフラワーとして知られ、サラダなどに利用されます。

【有毒部位】

全草

【成分】

ピロリジジンアルカロイド（pyrrolizidine alkaloid）

【病態・症状】

誤って触れた場合

皮膚炎

誤って食べた場合

嘔吐／下痢／沈うつ／肝障害（少量では問題ないが、多量に長期間摂取した場合）

【最初の対応】

皮膚に触れたら10分程度水で洗い、赤みや発疹が現れた場合は動物病院を受診してください。食べた場合、量が少なければ中毒になる可能性は高くありませんが、万が一を考えてすみやかに動物病院を受診しましょう。

シソ科

ラベンダーの仲間

【学名】*Lavandula*　【和名】ラベンダー属　【英名】lavender

ペットへの有毒性

毒性タイプ

場所

屋内

花壇

コモン・ラベンダー（4～6月）

【特徴と主な種類】

香りを楽しむ代表的なハーブのひとつです。花や葉は食用に、精油は香料として用いられます。

◆ コモン・ラベンダー

イングリッシュ・ラベンダー、真正ラベンダーなどとも呼ばれます。矮性（わいせい）（標準よりも小型）の‘ヒドコート’、青い花の‘エレガンス・スカイ’など多くの栽培品種が知られます。本属中、最も一般的な代表種で、単にラベンダーとも呼ばれます。

◆ キレハラベンダー

葉の縁は歯状～羽状中裂となる特徴があります。花は径 0.8cm ほどで、濃紫色～淡紫青色。

◆ ラバンディン

コモン・ラベンダーとスパイク・ラベンダーとの交雑による雑種で、変異が多いです。コモン・ラベンダーよりも花が付く部分が大きく、花付きもよく、栽培しやすいのでよく栽培されています。商業的に栽培される香料の原料としてよく知られます。栽培品種‘ボゴング’は、開花時には草丈 100cm ほどになり、花が付いている部分が長さ 40cm ほどになります。

キレハラベンダー（5～7月）

ラバンディン（6～7月）

◆ **ラベンダー'エイボンビュー'**

フレンチ・ラベンダーとグリーン・ラベンダーとの交雑により作出され、よく栽培されています。

【有毒部位】

全草に含まれる精油

【成分】

酢酸リナリル（linalyl acetate）、リナロール（linalool）

【病態・症状】

誤って食べた場合

吐き気／嘔吐／食欲不振

【最初の対応】

摂取量が少なければ中毒になる可能性は高くありませんが、万が一を考えて、すみやかに動物病院を受診しましょう。

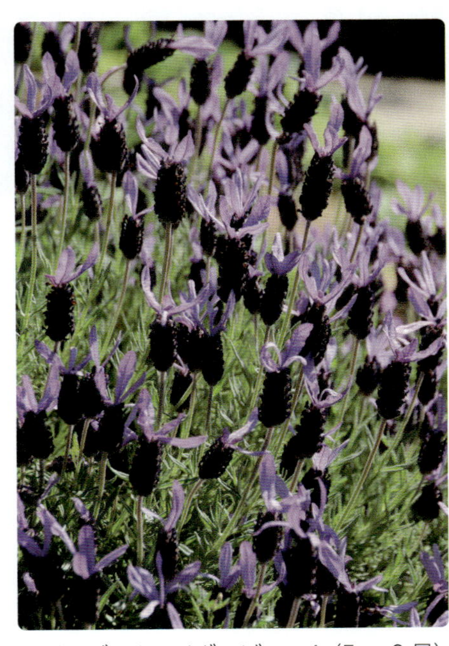

ラベンダー'エイボンビュー'（5～8月）

シソ科

ミントの仲間

【学名】*Mentha*　【和名】ハッカ属　【英名】mint

ペットへの有毒性

毒性タイプ

屋内

花壇

ペニーロイヤルミント

【特徴と主な種類】

全草に強い芳香を持つ代表的なハーブです。多くは葉を香り付けやハーブティーに用いられます。地下茎で伸び広がるため、花壇に植えると増えて困ることがあります。

◆ **ニホンハッカ**

日本在来で単にハッカとも呼ばれています。精油をハッカ油として利用しています。

◆ **ペパーミント**

セイヨウハッカとも呼ばれます。清涼感のある香りが特徴で、菓子の香り付けやハーブティーに用いられます。

◆ **ペニーロイヤルミント**

ほかのミントの仲間と異なり、アリやノミ、カメムシなどの防虫のために用いられ、人でも食用は不可です。精油の主成分も、ほかのミントの仲間がカルボンであるのに対し、d-プレゴン（d-pulegone）で毒性が高いです。

◆ **スペアミント**

ミドリハッカとも呼ばれます。甘く清涼感のある香りで、料理やハーブティー、デザートなどに利用されます。チューイングガムの味としても知られます。

◆ **アップルミント**

葉は丸みがあり、マルバハッカとも呼ばれます。フルーティな芳香があります。斑入り葉の栽培品種はパイナップルミントと呼ばれて、パイナップルとリンゴを合わせたような香りがあり、よく栽培されています。

【有毒部位】

葉、花

【成分】

精油（エッセンシャルオイル）

【病態・症状】

誤って食べた場合

吐き気／嘔吐／腹痛／呼吸困難／呼吸不全／高血圧／けいれん／神経症状／錯乱／ショック／不安な様子／腎臓病／肝毒性／肝不全／発熱／多臓器不全／子宮収縮／死流産

死亡する可能性もあります。特に、ペニーロイヤルミントには強い毒性があります。

【最初の対応】

摂取量によっては命にかかわります。緊急治療が必要になる可能性があるので、様子を見ずに、ただちに動物病院を受診しましょう。

シソ科

キャットニップ

【学名】*Nepeta*　【英名】catnip

ペットへの有毒性

毒性タイプ

場所

花壇

交雑種（5～7月）

【特徴】

真正のキャットニップ（*N. cataria*）に代わり、近年は写真に示すネペタ・ネペテラ（*N. nepetella*）とネペタ・ラセモサ（*N. racemosa*）との自然交雑種（*Nepeta × faassenii*）がキャットニップと呼ばれ、花壇の縁取りなどに利用されています。

キャットニップ（catnip）は、「猫が噛む」という意味です。ネコが好み、花壇などを荒らします。

【有毒部位】

葉および茎

【成分】

ネペタラクトン（nepetalactone）など。マタタビなどに含まれるネペタラクトール（nepetalactol）を基に、植物体内で合成されます（P54参照）。

【病態・症状】

ネコのみに有害です。

誤って食べた場合

流涎／嘔吐／下痢／沈うつや興奮などの異常行動

【最初の対応】

摂取量が少なければ中毒になる可能性は高くありませんが、万が一を考えて、すみやかに動物病院を受診しましょう。

シソ科

オレガノの仲間

【学名】*Origanum*　【和名】ハナハッカ属

ペットへの有毒性

毒性タイプ

屋内

花壇

【特徴と主な種類】

家庭菜園などでもよく栽培されるハーブの仲間です。茎葉にさまざまな成分の精油（エッセンシャルオイル）が含まれます。

◆ **オレガノ**

ハナハッカとも呼ばれます。生葉はサラダなど、乾燥葉はピッツァやパスタなどに利用されます。

◆ **マジョラム**

スイート・マジョラムとも呼ばれます。茎や葉にはタイムに似た香味があり、肉料理などに香味を付け、食欲や消化を促します。茎ごと10cmほどの長さに切ってブーケガルニとしても用います。

【有毒部位】

全草

【成分】

精油（エッセンシャルオイル）

【病態・症状】

誤って食べた場合

嘔吐／胃腸炎／下痢

【最初の対応】

摂取量が少なければ中毒になる可能性は高くありませんが、万が一を考えて、すみやかに動物病院を受診しましょう。

キク科

ローマンカモミール（ローマカミツレ）

【学名】*Chamaemelum nobile*　【異名】*Anthemis nobilis*　【英名】Roman chamomile, English chamomile

ペットへの有毒性

毒性タイプ

 **場所** 

花壇

菜園

ローマンカモミール（5～6月）

【特徴】

葉と花にリンゴの果実のような芳香があります。八重咲きの‘フロレ・プレノ’などの栽培品種が知られます。ジャーマンカモミール（次頁）によく似ており、イギリスなどでは代用されます。

【有毒部位】

全草

【成分】

ビサボロール（bisabolol）、カマズレン（chamazulene）、アンセミン酸（anthemic-acid）、タンニン酸（tannic acid）

【病態・症状】

誤って触れた場合

アレルギー性皮膚炎／眼の痛み

誤って食べた場合

嘔吐／下痢／アレルギー反応／食欲不振

【最初の対応】

皮膚に触れたら10分程度水で洗い、赤みや発疹が現れた場合は動物病院を受診してください。食べた場合、量が少なければ中毒になる可能性は高くありませんが、万が一を考えてすみやかに動物病院を受診しましょう。

キク科

ジャーマンカモミール（カモミール）

【学名】*Matricaria chamomilla*　【和名】カミツレ　【英名】German chamomile

ペットへの有毒性

毒性タイプ

場所

花壇

菜園

ジャーマンカモミール（4～6月）

【特徴】

花にリンゴの果実のような芳香があります。ローマンカモミール（前頁）に似ていますが、花床の内部が中空で、舌状花が多いことで区別できます。カモミールティーとして親しまれ、最もよく知られるハーブティーのひとつです。栽培しやすく、家庭でもよく植えられています。一度植え付けると、こぼれダネで毎年生えています。

【有毒部位】

全草

【成分】

ビサボロール（bisabolol）、カマズレン（chamazulene）、アンセミン酸（anthemic-acid）、タンニン酸（tannic acid）

【病態・症状】

誤って触れた場合

皮膚炎／発疹／結膜炎

【最初の対応】

皮膚に触れた場合は、10分程度水で洗って汁液などを取りのぞき、赤みや発疹が現れたら動物病院を受診してください。

サトイモ科

ポトス

【学名】*Epipremnum aureum*　【異名】*Pothos aureus*　【和名】オウゴンカズラ　【英名】devil's ivy, golden pothos

ペットへの有毒性

毒性タイプ

場所

ポトス

ポトス‘ライム’

ポトス‘エンジョイ’

【特徴】

最も一般的な観葉植物のひとつです。葉は心形で、表面には光沢があり、緑色地に濃黄色の斑が不規則に入ります。葉色が鮮やかなライトグリーンの‘ライム’、葉が濃緑色地に白斑が不規則に入る‘エンジョイ’などの栽培品種が知られます。

【有毒部位】

全草

【成分】

細胞内に長い針状の結晶で存在する、不溶性のシュウ酸カルシウム（calcium oxalate）

【病態・症状】

誤って触れた場合　皮膚炎
誤って食べた場合　口腔・舌・口唇の激しい痛みと炎症／重度の流涎／泡を吐く／嘔吐／下痢／胃腸炎／咽喉頭の腫脹による気道閉塞／嚥下困難
死亡する可能性もあります。

【最初の対応】

皮膚に触れたら10分程度水で洗い、赤みや発疹が現れた場合は動物病院を受診してください。食べた場合、量によっては命にかかわります。緊急治療が必要になる可能性があるので、様子を見ずに、ただちに動物病院を受診しましょう。

サトイモ科

モンステラの仲間

【学名】*Monstera*　【和名】ホウライショウ属

ペットへの有毒性

毒性タイプ

場所

屋内

【特徴と主な種類】

観葉植物として栽培されます。

◆ **モンステラ**

葉はほぼ左右対称の円状卵形で、側脈のあいだに穴があき、それらがつながって羽状に裂けます。栽培品種‘バリエガタ’は葉に乳白色～緑黄色の斑が入ります。

◆ **マドカズラ**

葉は長楕円形～楕円形で、左右非対称、縁の切れ込みはなく、葉脈間に楕円形の穴が開いています。

【有毒部位】

全草

【成分】

細胞内に長い針状の結晶で存在する、不溶性のシュウ酸カルシウム（calcium oxalate）

【病態・症状】

誤って触れた場合　皮膚炎

誤って食べた場合　口腔・舌・口唇の激しい痛みと炎症／重度の流涎／泡を吐く／嘔吐／下痢／胃腸炎／咽喉頭の腫脹による気道閉塞／嚥下困難

死亡する可能性もあります。

【最初の対応】

皮膚に触れたら10分程度水で洗い、赤みや発疹が現れた場合は動物病院を受診してください。食べた場合、量によっては命にかかわります。緊急治療が必要になる可能性があるので、様子を見ずに、ただちに動物病院を受診しましょう。

サトイモ科

フィロデンドロンの仲間

【学名】*Philodendron*　【和名】ビロードカズラ属　【英名】philodendron

ペットへの有毒性

毒性タイプ

場所

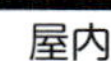

フィロデンドロン‘レモン・ライム’

ヒメカズラ

フィロデンドロン‘ピンク・プリンセス’

【特徴と主な種類】

多くは付着根でよじ登る常緑のつる植物ですが、茎が短縮して直立するフィロデンドロンも知られます（P107）。葉は全縁から羽状浅裂～中裂します。室内の観葉植物としてよく利用されます。

◆ ヒメカズラ

葉は卵形で、光沢があり、表面は暗緑色です。一方の‘ライム’は、葉が明黄緑色で美しい栽培品種です。

◆ フィロデンドロン‘レモン・ライム’

生育初期は株立ち状で、やがてつる状になり、長楕円形の葉は明黄緑色となります。

◆ フィロデンドロン‘ピンク・プリンセス’

葉は卵状心臓形で、長さ 20 ～ 30cm、暗赤褐色地にピンク色の不規則斑が入ります。

【有毒部位】【成分】【病態・症状】【最初の対応】

ポトス（P68）と同様です。

サトイモ科

スキンダプサス

【学名】*Scindapsus pictus*　【英名】silver vine, satin pothos

ペットへの有毒性

毒性タイプ

場所

屋内

スキンダプサス'アルギレウス'

【特徴】

室内の観葉植物としてよく利用されます。葉身はやや厚みがあり、長さ15cmほどです。表面は暗緑色地に銀白色の斑が入り、ビロード状の手ざわりです。栽培品種'アルギレウス'はやや小型で、よく栽培されています。

【有毒部位】【成分】【病態・症状】【最初の対応】

ポトス（P68）と同様です。

サトイモ科

シンゴニウム

【学名】*Syngonium podophyllum*　【英名】arrowhead plant, arrowhead vine

ペットへの有毒性　　毒性タイプ　　場所

屋内

【特徴】

観葉植物として利用されます。茎葉の切り口から白い乳液を出します。葉全体が淡緑色の‘シルキー’、葉がやや丸みを帯び、主脈と側脈付近がクリーム色になる‘ホワイト・バタフライ’などの栽培品種が知られます。

【有毒部位】

全草

【成分】

細胞内に長い針状の結晶で存在する、不溶性のシュウ酸カルシウム（calcium oxalate）、たんぱく質分解酵素

【病態・症状】

誤って食べた場合

重度の流涎／泡を吐く／口腔・舌・口唇の激しい痛みと炎症／嘔吐／（まれに）下痢／胃腸炎／咽喉頭の腫脹による気道閉塞／嚥下困難／血液凝固障害

死亡する可能性もあります。

【最初の対応】

摂取量によっては命にかかわります。緊急治療が必要になる可能性があるので、様子を見ずに、ただちに動物病院を受診しましょう。

ヤマノイモ科

オニドコロ（トコロ、ナガトコロ）

【学名】*Dioscorea tokoro*

ペットへの有毒性

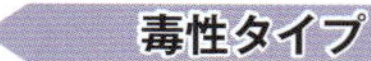

【特徴】

日本各地の山野や道端に自生。茎と根の中間的な性質をもつ担根体（地下部のイモにあたる部分）は分枝して横走し、肥大します。葉は互生で、ハート形、表面は光沢があります。担根体を砕いて川に流し、魚をしびれさせて漁をする魚毒として利用されていました。食用にされるヤマノイモと似ていますが、ヤマノイモは葉が対生で、葉腋にムカゴが生じることで区別できます。

【有毒部位】

担根体

【成分】

ジオスシン（dioscin）、ジオスコリン（dioscorine）、ジオスコレアサポトキシン（diosorea-sapotoxin）、グラチリン（gracillin）など

【病態・症状】

誤って食べた場合

口腔・舌・口唇への強い刺激／嘔吐／胃腸炎

【最初の対応】

中毒量を摂取した場合は、中毒症状が発現する可能性があります。すぐに動物病院を受診しましょう。

キンポウゲ科

クレマチスの仲間

【学名】*Clematis*　【和名】センニンソウ属　【英名】clematis, leather flower, traveller's joy, vase vine

ペットへの有毒性

毒性タイプ

花壇

山間部

【特徴と主な種類】

花は平開するか、杯状または鐘状となります。多くの栽培品種が知られます。クレマチスの名で人気があり、家庭園芸でよく栽培されています。

◆ テッセン

白色の花は平開し、径は5～8cm。雄しべは紅紫色で、花弁状になる栽培品種'プレナ'が知られます。

◆ クレマチス・モンタナ

花は径7～8cm、白色～淡桃色でほぼ平開し、やや横向きに咲きます。株一面に花を付けます。

◆ カザグルマ

淡紫～白色の花は平開し、径7～12cm、紫～淡青、白。開花期は5～6月。栽培品種の交雑親として重要です。

◆ センニンソウ

日当りの良い山野や道端の低木林の林縁に生育しています。白色の花は平開し、径2～3cmと小さく、上向きに咲きます。別名は「ウマクワズ」で、馬や牛が絶対に口にしないことに由来しています。

【有毒部位】

全草。特に葉や茎

クレマチス・モンタナ（4～5月）

センニンソウ（8～9月）

クレマチス
'ピンク・ファンタジー'（5～6月）

【成分】

配糖体のラヌンクリン（ranunculin）が細胞組織を破壊するとともに、酵素分解により二次的に有毒のプロトアネモニン（protoanemonin）を生成します。

【病態・症状】

誤って触れた場合

皮膚炎

誤って食べた場合

重度の流涎／嘔吐／下痢

【最初の対応】

皮膚に触れたら 10 分程度水で洗い、赤みや発疹が現れた場合は動物病院を受診してください。中毒量を食べた場合は、中毒症状が発現する可能性があります。すぐに動物病院を受診しましょう。

ブドウ科

ツタの仲間

【学名】*Parthenocissus*　【和名】ツタ属

ペットへの有毒性

毒性タイプ

花壇

アメリカヅタの斑入り葉品種

ツタ（紅葉期）

【特徴と主な種類】

巻きひげには吸盤があり、建物の外壁緑化などに利用されます。

◆ **アメリカヅタ**　葉に白色斑が入る栽培品種が知られます。有毒性が高いので、注意が必要です。

◆ **ツタ**　最も一般的で、壁面やトレリスの緑化に利用されます。秋には美しい紅葉となります。

【有毒部位】

全株。特に汁液、葉、果実

【成分】

シュウ酸塩（oxalic acid）の結晶

【病態・症状】

誤って触れた場合

皮膚炎／発疹

誤って食べた場合

口腔・舌・口唇の痛みと炎症／嘔吐／呼吸困難／心停止　**死亡**する可能性もあります。

【最初の対応】

皮膚に触れたら10分程度水で洗い、赤みや発疹が現れた場合は動物病院を受診してください。食べた場合、量によっては命にかかわります。緊急治療が必要になる可能性があるので、様子を見ずに、ただちに動物病院を受診しましょう。

マメ科

スイートピーの仲間

【学名】*Lathyrus*　【和名】レンリソウ属　【英名】peavines, vetchlings

ペットへの有毒性

毒性タイプ

場所

屋内

花壇

スイートピー（4～7月）

宿根スイートピー（5～9月）

【特徴と主な種類】

分岐する巻きひげを持ちます。花壇に植えられたり、切り花で利用されたりします。

◆ 宿根スイートピー

和名はヒロハノレンリソウ。日本にも帰化しています。花に芳香はなく、花色は白～桃色です。

◆ スイートピー

花には甘い芳香があります。香りが良いことから、ジャコウエンドウやカオリエンドウとも呼ばれます。花色が豊富で、多数の栽培品種があります。

【有毒部位】

全草。特に果実と種子

【成分】

アミノプロピオニトリル（aminopropionitrile）

【病態・症状】

誤って食べた場合

浅くて速い呼吸／麻痺／けいれん／徐脈

【最初の対応】

摂取量によっては命にかかわります。緊急治療が必要になる可能性があるので、様子を見ずに、ただちに動物病院を受診しましょう。

マメ科

フジの仲間

【学名】*Wisteria*　【和名】フジ属

ペットへの有毒性

毒性タイプ

花壇

山間部

フジ（4～5月）
フジ（果実、9～11月）
ヤマフジ'昭和紅'（4～5月）

【特徴と主な種類】

つる性の木本です。花は総状花序で多数付き、花序の基部から先端に向って順次咲きます。

◆ **フジ**　別名はノダフジ。つるが左巻きで、基部から見て左上がりに巻き付きます。花は藤色、紫色または淡紅色で、長さ 20 ～ 90cm、ときに 100cm に達する総状花序に付きます。

◆ **ヤマフジ**　つるは右巻で、基部から見て右上がりに巻き付きます。花は紫色で、長さ 10 ～ 20cm の総状花序に付きます。

【有毒部位】

全株。特に果実と種子

【成分】

配糖体のウィスタリン（wistarin）

【病態・症状】

誤って触れた場合
視覚障害
誤って食べた場合
頻回の嘔吐／腹痛／下痢／元気消失

【最初の対応】

皮膚に触れたら 10 分程度水で洗い、赤みや発疹が現れた場合は動物病院を受診してください。食べた場合、量が少なければ中毒になる可能性は高くありませんが、万が一を考えてすみやかに動物病院を受診しましょう。

アサ科

ホップ

【学名】*Humulus lupulus*　【和名】セイヨウカラハナソウ　【英名】common hop, hop

ペットへの有毒性

毒性タイプ

場所

花壇

菜園

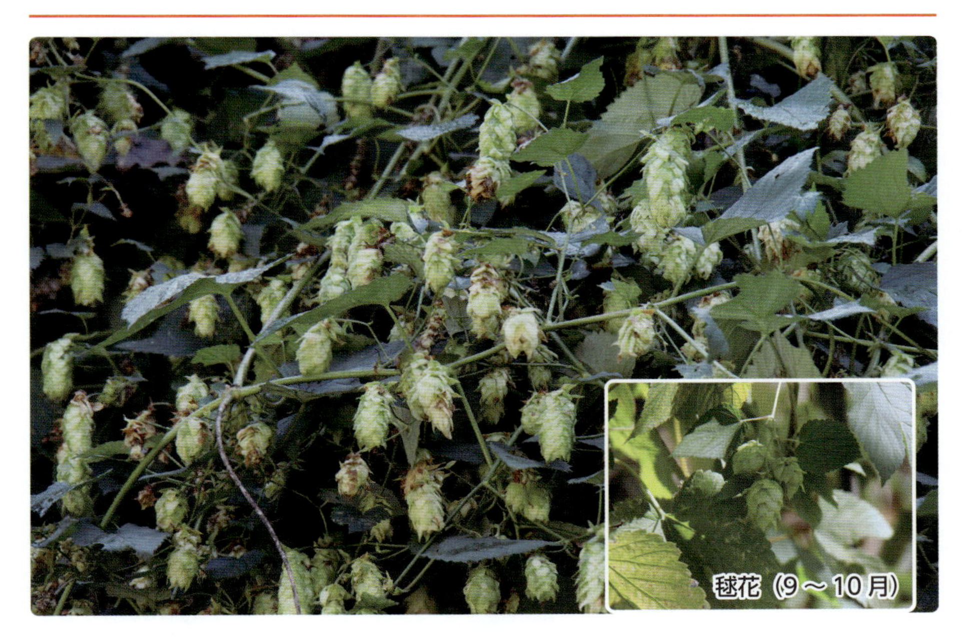

毬花（9～10月）

【特徴】

雌雄異株のつる性多年草です。雌株に付く雌花は「毬花」と呼ばれビールの主要な原料のひとつで、苦味、香りに重要です。生薬として苦味健医薬、鎮痛薬とされます。最近では、観賞用として花壇などで栽培されます。緑のカーテンなどにも利用されます。

【有毒部位】

全草

【成分】

油分に含まれるミルセン（myrcene）、ホップをおおっている黄色の樹脂質の粉末であるルプリン（lupulin）

【病態・症状】

誤って触れた場合

皮膚炎（水疱など）／結膜炎

誤って食べた場合

高体温（悪性高熱）／腹痛／発作／嗜眠

死亡する可能性もあります。

【最初の対応】

皮膚に触れたら10分程度水で洗い、赤みや発疹が現れた場合は動物病院を受診してください。食べた場合、量によっては命にかかわります。緊急治療が必要になる可能性があるので、様子を見ずに、ただちに動物病院を受診しましょう。

クワ科

フィカス・プミラ

【学名】*Ficus pumila*　【和名】オオイタビ　【英名】creeping fig, climbing fig

ペットへの有毒性

毒性タイプ

場所

屋内

花壇

フィカス・プミラ'サニー・ホワイト'

成葉と果実

【特徴】

イチジク（P49）、インドゴムノキ（P244）の仲間です。幼苗は観葉植物として利用されます。幼葉は 2cm、幅 1cm ほど。葉に斑が入る栽培品種が知られます。沖縄などでは戸外で栽培され、長さ 5 ～ 9cm の成葉が生じます。

【有毒部位】

全株から生じる乳液

【成分】

光毒性物質であるフロクマリン類 (furocoumarins)。たんぱく質分解酵素のフィシン (ficin)

【病態・症状】

誤って食べた場合

皮膚炎／アレルギー症状（発咳・喘鳴）／光接触皮膚炎／結膜炎／羞明／眼のかゆみ

誤って食べた場合　胃炎／胃腸炎

【最初の対応】

皮膚に触れたら 10 分程度水で洗い、赤みや発疹が現れた場合は動物病院を受診してください。食べた場合、量が少なければ中毒になる可能性は高くありませんが、万が一を考えてすみやかに動物病院を受診しましょう。

ゲルセミウム科

カロライナジャスミン

【学名】*Gelsemium sempervirens*　【英名】yellow jessamine, Carolina jasmine

ペットへの有毒性

毒性タイプ

場所

花壇

【特徴】

漏斗状の花は濃黄色で、かすかな芳香があり、径 1cm ほどです。二重咲きのものも知られます。フェンスなどにからませてよく栽培されています。

【有毒部位】

全株。特に花

【成分】

インドール型アルカロイドのゲルセミン（gelsemine）、ゲルセミシン（gelsemicine）など

【病態・症状】

誤って触れた場合　皮膚炎

誤って食べた場合　瞳孔散大／上眼瞼の下垂／吐き気／呼吸不全／低血圧／徐脈／筋力低下／麻痺／不安／神経症状／けいれん／意識消失／低体温／心停止

死亡する可能性もあります。

【最初の対応】

皮膚に触れたら 10 分程度水で洗い、赤みや発疹が現れた場合は動物病院を受診してください。食べた場合、量によっては命にかかわります。緊急治療が必要になる可能性があるので、様子を見ずに、ただちに動物病院を受診しましょう。

キョウチクトウ科

テイカカズラ

【学名】*Trachelospermum jasminoides*　【英名】Asiatic jasmine

ペットへの有毒性

花壇　市街地

【特徴】

白色の花にはジャスミンのような芳香があり、後に黄色に変わります。径 1.5～2.5cm です。栽培品種には、葉に斑が入るハツユキカズラ、葉が赤みを帯びるゴシキカズラ、黄色い斑が入るオウゴンニシキなどが知られます。

【有毒部位】

乳液

【成分】

トラチェロシド（tracheloside）

【病態・症状】

誤って食べた場合

呼吸不全／筋力低下／けいれん

【最初の対応】

摂取量によっては命にかかわります。緊急治療が必要になる可能性があるので、様子を見ずに、ただちに動物病院を受診しましょう。

キョウチクトウ科

ツルニチニチソウ

【学名】*Vinca major*　【英名】bigleaf periwinkle

ペットへの有毒性

毒性タイプ

場所

花壇

市街地

フイリツルニチニチソウ（3～5月）
ツルニチニチソウ

【特徴】

花は青または白色で、春から初夏にかけて、立ち上がる茎の葉腋に咲かせます。葉に白や黄色の斑が入る栽培品種は人気があり、吊り鉢やグランドカバーなどに利用されます。人には無毒とされます。

【有毒部位】

全草

【成分】

ビンカアルカロイドのビンカミン（vincamine）、ビンクリスチン（vincristine）、ビンブラスチン（vinblastine）など、ウルソール酸（ursolic acid）

【病態・症状】

誤って食べた場合

腸炎／神経症状

【最初の対応】

摂取量が少なければ中毒になる可能性は高くありませんが、万が一を考えて、すみやかに動物病院を受診しましょう。

ヒルガオ科

アサガオの仲間

【学名】*Ipomoea*　【和名】サツマイモ属　【英名】morning glory

ペットへの有毒性

毒性タイプ

場所

花壇　市街地

アサガオ‘紅千鳥’（7～10月）

ソライロアサガオ‘ヘブンリー・ブルー’（9～11月）

マルバアサガオ（7～10月）

【特徴と主な種類】

アサガオは多くの栽培品種が知られ、最も一般的な園芸植物です。ソライロアサガオの栽培品種‘ヘブンリー・ブルー’もよく栽培されます。マルバアサガオは耐寒性が強く、日本では冷涼な中部地方飛騨山地や東北地方でも栽培されています。ノアサガオは低温には弱いですが、暖地なら露地でも越冬することから‘宿根アサガオ’の名で知られます。

【有毒部位】

全草。特に種子

【成分】

配糖体のファルビチン（pharbitin)、コンボルブリン（convolvulin)。ソライロアサガオには猛毒の麦角アルカロイドと幻覚成分が含まれます。

【病態・症状】

誤って食べた場合　瞳孔散大／下痢／吐き気／低血圧／血管収縮作用などによる耳介や尾、鼻、指などの壊死につながる可能性（ソライロアサガオのみ）／神経症状

死亡する可能性もあります。

【最初の対応】

摂取量によっては命にかかわります。緊急治療が必要になる可能性があるので、様子を見ずに、ただちに動物病院を受診しましょう。

シソ科

グレコマ

【学名】*Glechoma hederacea*　【英名】creeping charlie, gill-over-the-ground

花壇

【特徴】

長く伸びる茎が地面を這うことから、グランドカバーや吊り鉢仕立てでよく栽培されます。耐陰性があるので、日陰の庭にも適しています。葉に白色斑が入る'バリエガタ'が一般的です。近縁のカキドオシは本種に比べ、花が大きいことで区別され、同様の毒性があります。

【有毒部位】

全草

【成分】

揮発油のテルペノイド（terpenoids）、プレゴン（pulegone）

【病態・症状】

誤って触れた場合

皮膚炎

誤って食べた場合

瞳孔散大／重度の流涎／嘔吐／下痢／腹痛／けいれん／息切れ／可視粘膜の蒼白、チアノーゼ／あえぎ呼吸

【最初の対応】

皮膚に触れたら10分程度水で洗い、赤みや発疹が現れた場合は動物病院を受診してください。食べた場合、量によっては命にかかわります。緊急治療が必要になる可能性があるので、様子を見ずに、ただちに動物病院を受診しましょう。

スイカズラ科

スイカズラの仲間

【学名】*Lonicera*　【和名】スイカズラ属　【英名】honeysuckles

ペットへの有毒性

毒性タイプ

場所

花壇　市街地　草原　山間部

スイカズラ（5～7月）

ツキヌキニンドウ（5～9月）

キンギンボク

【特徴と主な種類】

◆ **スイカズラ**

夕方から甘い香りを放つ花を咲かせ、咲き始めは白色で、受粉後は黄色味を帯びます。

◆ **ツキヌキニンドウ**

紅色の花を咲かせます。葉は２枚が向かい合って付き（対生）、先の葉の基部が合着して、真ん中から茎が突き抜いているように見えます。つる植物ではありませんが、キンギンボク（別名ヒョウタンボク）もよく栽培されます。赤く熟す果実はおいしそうですが、有毒です。

【有毒部位】

全株

【成分】

ネペタラクトン（nepetalactone）

【病態・症状】

誤って食べた場合

嘔吐／下痢／元気消失／けいれん

【最初の対応】

摂取量によっては命にかかわります。緊急治療が必要になる可能性があるので、様子を見ずに、ただちに動物病院を受診しましょう。

ウコギ科

ヘデラの仲間

【学名】*Hedera*　【和名】キヅタ属　【英名】ivy

ペットへの有毒性

毒性タイプ

場所

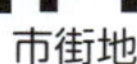

屋内　花壇　市街地

セイヨウキヅタ'ゴールド・チャイルド'

カナリーキヅタ'バリエガタ'

【特徴と主な種類】

成熟期では付着根は生じず、葉はふつう裂けません。鉢栽培では幼期を利用しています。

◆ **カナリーキヅタ**

戸外のグランドカバーとしてよく利用されます。

◆ **セイヨウキヅタ**

500 以上の栽培品種があります。戸外のほか、室内でも観葉植物として栽培されています。

【有毒部位】

果実、葉

【成分】

サポニンの一種ヘデリン（hederin）、ファルカリノール（falcarinol）

【病態・症状】

誤って触れた場合

皮膚炎

誤って食べた場合

口腔内の激しい痛み／重度の流涎／口渇／吐き気／下痢／筋力低下／ふらつき／発熱／興奮／呼吸困難／昏睡

死亡する可能性もあります。

【最初の対応】

皮膚に触れたら 10 分程度水で洗い、赤みや発疹が現れた場合は動物病院を受診してください。食べた場合、量によっては命にかかわります。緊急治療が必要になる可能性があるので、様子を見ずに、ただちに動物病院を受診しましょう。

ワスレグサ科

アロエの仲間

【学名】*Aloe*　【和名】アロエ属

ペットへの有毒性

毒性タイプ

場所

屋内

花壇

キダチアロエ

アロエ・ベラ

アロエ・ベラのゼリー

【特徴と主な種類】

◆ **キダチアロエ（別名：キダチロカイ）**
一般にアロエと呼ばれているのは本種のことです。日本の暖地では戸外で越冬できます。

◆ **アロエ・ベラ（別名：キュラソー・アロエ）**
近年、葉に含まれる透明のゼリーは食用として、ヨーグルトや飲料、デザートなどに使用されています。

【有毒部位】

全草に含まれる汁液

【成分】

下剤成分であるバルバロイン（barbaloin）

【病態・症状】

誤って触れた場合　皮膚炎
誤って食べた場合　赤色尿／嘔吐／下痢／食欲不振／大腸炎／沈うつ／振戦／震え／腎臓病

【最初の対応】

皮膚に触れたら10分程度水で洗い、赤みや発疹が現れた場合は動物病院を受診してください。中毒量を食べた場合は、中毒症状が発現する可能性があります。すぐに動物病院を受診しましょう。

クサスギカズラ科

サンセベリア

【学名】*Dracaena trifasciata*　【異名】*Sansevieria trifasciata*　【和名】アツバチトセラン
【英名】mother-in-law's tongue, snake plant

ペットへの有毒性

毒性タイプ

場所

屋内

'ローレンティー'

サンセベリア

'ゴールデン・ハニー'

【特徴と主な種類】

サンセベリアの仲間は、近年、ドラセナの仲間（*Dracaena*）と同属として扱われます(P142)。以下の栽培品種がよく栽培されます。

◆'ローレンティー'
葉縁に幅広い黄色の覆輪が入る、最もよく知られた栽培品種です。

◆'ゴールデン・ハニー'
草丈が10〜20cmほどと低く、葉に黄色の覆輪が入ります。

【有毒部位】

全草

【成分】

サポニン (saponin)

【病態・症状】

誤って触れた場合　皮膚炎
誤って食べた場合　瞳孔散大（ネコ）／流涎／嘔吐／吐血／腹痛／食欲不振

【最初の対応】

皮膚に触れたら10分程度水で洗い、赤みや発疹が現れた場合は動物病院を受診してください。食べた場合、量が少なければ中毒になる可能性は高くありませんが、万が一を考えてすみやかに動物病院を受診しましょう。

ベンケイソウ科

カランコエの仲間

【学名】*Kalanchoe*　【和名】リュウキュウベンケイ属

ペットへの有毒性

毒性タイプ

場所

屋内

ベニベンケイ
（1～5月、開花調節により周年）

コダカラベンケイ

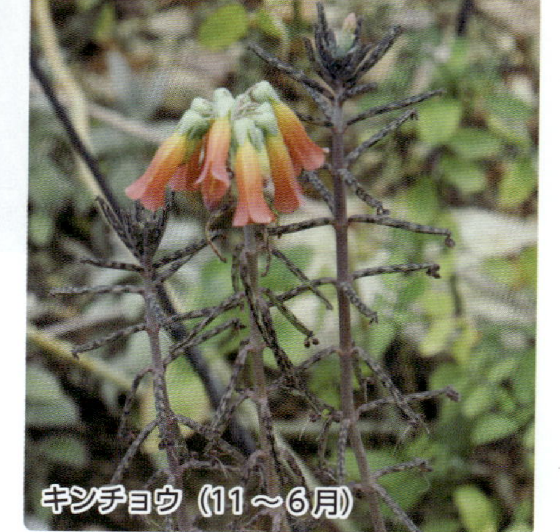

キンチョウ（11～6月）

【特徴と主な種類】

代表的な多肉植物で、花を観賞するもの、奇妙な葉を楽しむものがよく栽培されます。

◆ ベニベンケイ

カランコエの名で流通し、ドイツで作出された交雑種と考えられます。冬にオレンジ、ピンク、黄色などの色鮮やかな小さな花を上向きに咲かせます。

◆ コダカラベンケイ（別名：シコロベンケイ）

葉縁から不定芽（ふていが）と呼ばれる子株を次々と付けます。

◆ キンチョウ

葉の先端に不定芽を付け、葉が成熟すると落下して子株となって繁殖します。

◆ セイロンベンケイ

土の中に埋めたり水がある皿につけたりすると、葉縁から不定芽が生じます。この様子から‘ハカラメ’（葉から芽）とも呼ばれます。花は下向きに咲き、長さ 50 ～ 70cm の花序に付きます。日本では沖縄や小笠原諸島に帰化しています。

セイロンベンケイ

セイロンベンケイの不定芽

◆ ツキトジ

葉の表面には白い軟毛が密生し、褐色の縁取りがあります。葉がウサギの耳に似ていることから、月に住むと想像されたウサギが連想され、月兎耳と呼ばれます。

【有毒部位】

全草

【成分】

強心配糖体のブファジエノライド類(bufadienolides)

【病態・症状】

誤って食べた場合

重度の流涎／嘔吐／下痢／心拍数の増加または減少／衰弱／麻痺／沈うつ／多尿／食欲不振

死亡する可能性もあります。

【最初の対応】

摂取量によっては命にかかわります。緊急治療が必要になる可能性があるので、様子を見ずに、ただちに動物病院を受診しましょう。

ツキトジ

ベンケイソウ科

カネノナルキ（花月）

【学名】*Crassula ovata*　【異名】*Crassula portulacea*　【和名】フチベニベンケイ
【英名】jade plant, money plant

ペットへの有毒性

毒性タイプ

場所

屋内

花壇

カネノナルキ
'モンストルオサ'

開花中のカネノナルキ（11～2月）

【特徴】

大きくなると高さ3mほどになる低木で、暖地では戸外で栽培できます。多肉質の葉は、低温に当たると葉縁が赤みを帯びます。葉に斑が入り、栽培品種は黄金花月や花月錦が知られます。'モンストルオサ'（ゴーラム）は葉の先がラッパ状になり、宇宙の木とも呼ばれます。

【有毒部位】

全草

【成分】

強心配糖体のブファジエノライド類
(bufadienolides)

【病態・症状】

誤って食べた場合

重度の流涎／嘔吐／下痢／心拍数の増加または減少／衰弱／麻痺／沈うつ／多尿／食欲不振
死亡する可能性もあります。

【最初の対応】

摂取量によっては命にかかわります。緊急治療が必要になる可能性があるので、様子を見ずに、ただちに動物病院を受診しましょう。

トウダイグサ科

ユーフォルビアの仲間

【学名】*Euphorbia*　【和名】トウダイグサ属　【英名】spurge

ペットへの有毒性

毒性タイプ

場所

屋内

ミルクブッシュ

ユーフォルビア・ラクテア

ユーフォルビア・ラクテア
'クリスタタ'

【特徴と主な種類】

トウダイグサの仲間（P189）、ポインセチア（P249）、彩雲閣（P250）などと同属（*Euphorbia*）です。眼への刺激性が高いとされます。

◆ **ユーフォルビア・ラクテア**　柱サボテンによく似た高さ5mほどの低木です。綴化（せっか）した'クリスタタ'がよく栽培されます。

◆ **ミルクブッシュ**　ミドリサンゴ、アオサンゴとも呼ばれます。高さ5～9mほどになる低木です。枝は径5～7mmの棒状です。

【有毒部位】

全株。特に乳液

【成分】

ジテルペンエステル（diterpene ester）のホルボールエステル類（phorbol ester）など。ホルボールエステル類には発がん作用があります。

【病態・症状】

誤って触れた場合　皮膚炎（水疱など）／結膜炎／角膜潰瘍

誤って食べた場合　吐き気／嘔吐／腹痛／下痢

【最初の対応】

皮膚に触れたら10分程度水で洗い、赤みや発疹が現れた場合は動物病院を受診してください。食べた場合、量が少なければ中毒になる可能性は高くありませんが、万が一を考えてすみやかに動物病院を受診しましょう。

スベリヒユ科

ポーチュラカの仲間

【学名】*Portulaca*　【和名】スベリヒユ属　【英名】purslane

ペットへの有毒性

毒性タイプ

場所

【特徴と主な種類】

畑の雑草であるスベリヒユの仲間です。スベリヒユと同様の毒性があります。スベリヒユやポーチュラカは人の食用とされることがありますが、茹でて無毒化し、多量に摂取しないほうが無難です。

◆ マツバボタン

非常に丈夫で、花が昼に開き、夜に閉じます。

◆ ポーチュラカ

ハナスベリヒユとも呼ばれます。花はマツバボタンに似ていますが、葉の幅が広いことで区別できます。花は径 8 ～ 15㎜、花色は多様で、午後には閉じますが、近年、夕方近くまで開花する栽培品種が育成されています。

【有毒部位】

全草

【成分】

可溶性シュウ酸カルシウム（soluble calcium-oxalates）

【病態・症状】

誤って食べた場合

腹痛／下痢／筋力低下／震え／ふらつき

【最初の対応】

摂取量が少なければ中毒になる可能性は高くありませんが、万が一を考えて、すみやかに動物病院を受診しましょう。

キク科

ミドリノスズ（グリーンネックレス）

【学名】*Curio rowleyanus*　【異名】*Senecio rowleyanus*　【英名】string-of-pearls, string-of-beads

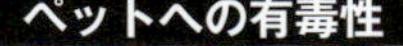

【特徴】

茎は細長く、地を這うか垂れ下がります。葉はほぼ球形で、径 8mm ほど。緑色で、縦に帯状半透明の条線が入ります。吊り鉢仕立てが適しています。

【有毒部位】

全草

【成分】

ヒペリシン（hypericin）、ピロリジジンアルカロイド（pyrrolizidine alkaloid）、サポニン（saponin）

【病態・症状】

誤って触れた場合　光接触皮膚炎
誤って食べた場合　胃腸炎／徘徊／ヘッドプレス／興奮／混乱／肝障害／腎臓病
摂食量が少量でも**死亡**する可能性があります。

【最初の対応】

皮膚に触れたら 10 分程度水で洗い、赤みや発疹が現れた場合は動物病院を受診してください。食べた場合、量によっては命にかかわります。緊急治療が必要になる可能性があるので、様子を見ずに、ただちに動物病院を受診しましょう。

サボテン科

サボテンの仲間

【学名】*Cactaceae*　【英名】cactus

ペットへの有毒性

毒性タイプ

場所

屋内

花壇

ペヨーテ

【特徴と主な種類】

サボテン科植物は、約130属2000種ほどが知られます。すべてが有害ではなく、冬季の鉢花として知られるクリスマスカクタスなどは無害です。健康被害の多くは刺(とげ)による損傷ですが、ペヨーテのように刺がなくても、食べると危険なものもあります。

◆ ペヨーテ

園芸名は烏羽玉(うばたま)。球形で刺がないサボテンです。幻覚を引き起こすアルカロイドのメスカリン（mescaline）を含みます。メスカリンは日本でも法律上の麻薬に指定されていますが、ペヨーテ自体は規制されていないので栽培されています。かなり苦みがあるため、多量を食べることはできないと考えられます。

◆ 松嵐(しょうらん)

下向きの刺でおおわれています。長さ5～20cm、径5cmほどの茎節がつながります。この茎節は簡単に外れて、動物に付着して伝播されます。

◆ 王冠竜(おうかんりゅう)

球形または円筒形のサボテンで、大きくなると直径60cmにまで成長します。

◆ 金烏帽子(きんえぼし)

長さ3～6mmほどで濃黄色の芒刺(ぼうし)が密に生えています。小さい茎節が2本出るとウサギの耳のようであることから、'ゴールデン・バニー'の名で流通しています。白桃扇は芒刺が

松嵐

王冠竜

金烏帽子

白桃扇

白色で、'ホワイト・バニー'の名で流通しています。

【有毒部位】

全株、刺（有毒成分は含まない）

【成分】

ペヨーテはアルカロイドのメスカリン（mescaline）

【病態・症状】

誤って食べた場合（ペヨーテ）
呼吸困難／神経症状
中毒以外の注意点　（外傷）刺に触れたことによる皮膚の損傷／刺を食べたことによる口唇や舌、胃腸の損傷

【最初の対応】

刺が皮膚に刺さっていれば、ピンセットなどで取りのぞきます。ペヨーテを誤って食べた場合は、すみやかに獣医師に相談しましょう。

ヒノキ科

レイランドヒノキ（レイランド）

【学名】× *Hesperotropsis leylandii*【異名】× *Cupressocyparis leylandii*【英名】Leyland cypress

ペットへの有毒性

毒性タイプ

場所

花壇

市街地

レイランドヒノキ

レイランドヒノキ（拡大）

【特徴】

アメリカヒノキとモントレーイトスギとの人工交雑種。常緑の針葉樹で、円錐形の樹形になり、葉は１年を通して濃い緑色を保ちます。生育旺盛で、成長が早いことから生垣などに利用されます。葉色が黄色を帯びる‘ゴールド・ライダー’が知られます。

【有毒部位】

全株

【成分】

有毒成分は明らかにされていません。

【病態・症状】

誤って触れた場合

アレルギー性皮膚炎

【最初の対応】

皮膚に触れた場合は、10 分程度水で洗って汁液などを取りのぞき、赤みや発疹が現れたら動物病院を受診してください。

ヒノキ科

ニオイヒバ

【学名】*Thuja occidentalis*　【英名】northern white-cedar, eastern white-cedar

ペットへの有毒性

毒性タイプ

場所

花壇

市街地

ニオイヒバ‘サンキスト’

【特徴】

常緑の針葉樹で、葉からパイナップルのような芳香を放つ特徴があり、和名「ニオイヒバ」の由来となっています。欧米では庭木として人気があります。多くの栽培品種が知られており、最も一般的な‘スマラグ’の葉は、光沢のある濃緑色です。日本では「エメラルド」の名で流通しています。‘ヨーロッパゴールド’と‘サンキスト’は、代表的な黄金色葉の栽培品種です。

【有毒部位】

全株。特に葉と精油

【成分】

精油

【病態・症状】

誤って触れた場合

皮膚炎（おそらくアレルギー性）

【最初の対応】

皮膚に触れた場合は、10 分程度水で洗って汁液などを取りのぞき、赤みや発疹が現れたら動物病院を受診してください。

キク科

アスパラガスの仲間

【学名】*Asparagus*　【和名】クサスギカズラ属

ペットへの有毒性

毒性タイプ

屋内

菜園

アスパラガス
収穫が遅れると、先端から葉状茎が生じる

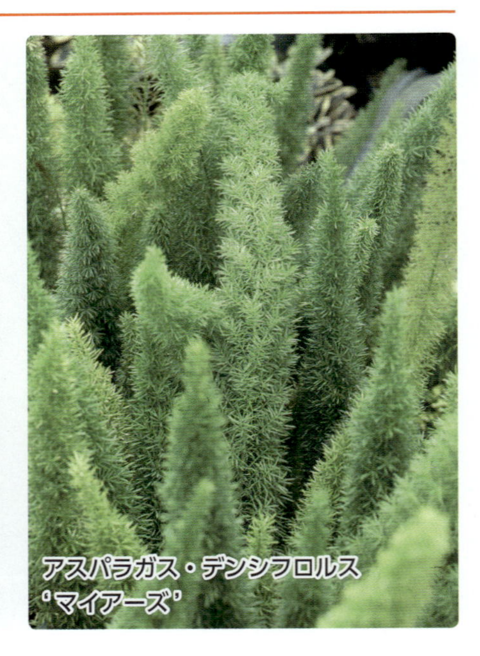

アスパラガス・デンシフロルス
'マイアーズ'

【特徴と主な種類】

真の葉は鱗片状または刺状となって退化し、その腋から出る小枝が葉のように見えるので、葉状茎（ようじょうけい）と呼ばれます。果実は赤色に熟します。食用のアスパラガスのほか、観葉植物やフラワーアレンジメントの切り枝として利用されます。

◆ **スマイラックス**

茎が長く伸び、フラワーアレンジメントやウエディングブーケ、会場装飾などによく利用されています。

◆ **アスパラガス・デンシフロルス**

栽培品種の'マイアーズ'がよく栽培されます。茎は直立し、高さは 50 ～ 60cm ほどです。'スプレンゲリ'は茎が 1m 以上に伸びて垂れ下がります。

◆ **アスパラガス・マコーワニー**

ミリオンとも呼ばれ、切り枝としてよく利用されています。

◆ **アスパラガス**

食用のアスパラガスで、地中から伸長してくる多肉質の太い若茎を利用します。栽培時に見られる葉状茎や、果実による健康被害があります。

◆ **アスパラガス・セタケウス**

プルモーサスの名でも知られます。栽培品種の'ナヌス'は矮性で、よく栽培されます。

スマイラックス

アスパラガス・デンシフロルス
‘スプレンゲリ’

アスパラガス・マコーワニー

【有毒部位】

全株。特に果実、茎葉に含まれる汁液

【成分】

おそらくは配糖体のサポニン（saponin）

【病態・症状】

誤って触れた場合

アレルギー性皮膚炎

誤って食べた場合（果実）

嘔吐／腹痛／下痢／けいれん／震え／腎臓病

【最初の対応】

皮膚に触れたら10分程度水で洗い、赤みや

アスパラガス・セタケウス

アスパラガス・デンシフロルス
‘マイアーズ’の果実

発疹が現れた場合は動物病院を受診してください。食べた場合、量によっては命にかかわります。緊急治療が必要になる可能性があるので、様子を見ずに、ただちに動物病院を受診しましょう。

セリ科

ホワイトレースフラワー

【学名】*Ammi majus*　【和名】ドクゼリモドキ　【英名】false bishop's weed, lady's lace, laceflower

ペットへの有毒性

毒性タイプ

場所

屋内

花壇

【特徴】

高さ1mほどになる一年草。花は複散形の花序に付き、全体として径6～10cmになります。花は極めて小さく、白色の5弁花です。茎基部で切られて切り花として流通するため、葉が確認できません。フラワーアレンジメントの添え花としてよく利用されています。

【有毒部位】

全草。特に果実と種子

【成分】

光毒性物質であるフロクマリン類(furocoumarins)、シュウ酸カルシウム

【病態・症状】

誤って触れた場合

皮膚炎／発疹／光線性皮膚炎

誤って食べた場合

口腔内の激しい痛み／重度の流涎／嘔吐／浮腫／高体温

【最初の対応】

皮膚に触れたら10分程度水で洗い、赤みや発疹が現れた場合は動物病院を受診してください。食べた場合、量が少なければ中毒になる可能性は高くありませんが、万が一を考えてすみやかに動物病院を受診しましょう。

ソテツ科

ソテツ

【学名】*Cycas revoluta*　【英名】Japanese sago palm, sago palm

ペットへの有毒性

場所

花壇

市街地

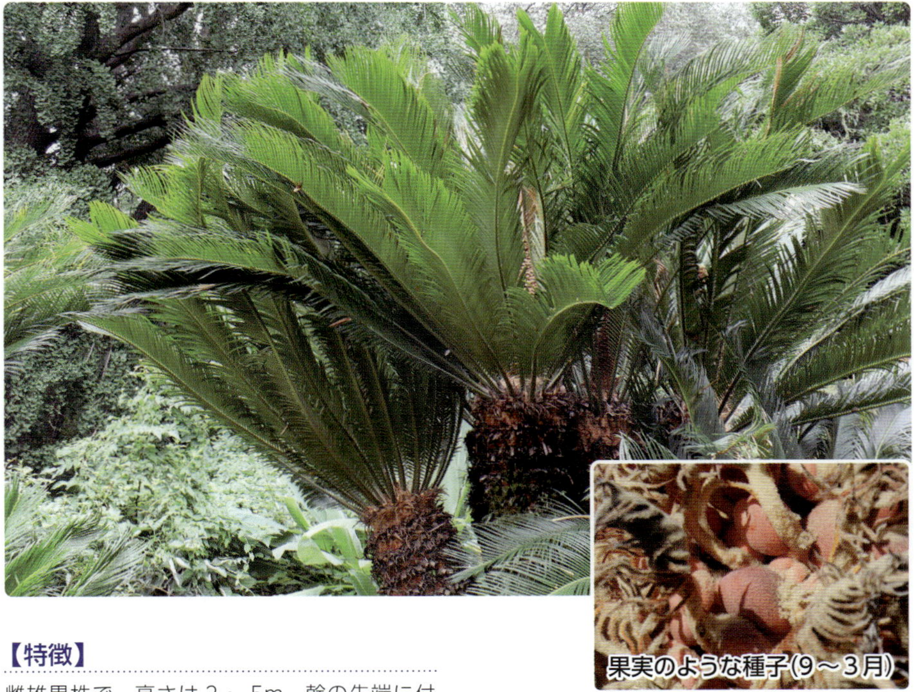

果実のような種子(9～3月)

【特徴】

雌雄異株で、高さは 2 ～ 5m。幹の先端に付く葉は羽状複葉で、長さ 50 ～ 120cm。雌株に付く種子は、秋から冬になると、クルミ大の光沢ある朱赤色となり、一見すると果実のようです。庭木として関東以南でよく栽培されます。

【有毒部位】

全株。特に種子

【成分】

配糖体のサイカシン (cycasin)

【病態・症状】

誤って食べた場合

重度の流涎／吐血／腹痛／血便／口渇／便秘／皮下出血（あざ）／血液凝固障害／出血／けいれん／元気消失／衰弱／運動不耐性／肝障害／肝硬変／食欲不振

【最初の対応】

摂取量によっては命にかかわります。緊急治療が必要になる可能性があるので、様子を見ずに、ただちに動物病院を受診しましょう。

イチョウ科

イチョウ

【学名】*Ginkgo biloba*　【英名】maidenhair tree

ペットへの有毒性

毒性タイプ

市街地

山間部

(10月ごろ)

食用となる内乳

【特徴】

種子は一見すると果実のようで、肉質で臭気を放つ外種皮を持ち、中にいわゆる「銀杏」を含みます。10月ごろに葉が黄葉になるとともに、外種皮がやわらかくなり、種子は成熟して落下します。食用とするのは、デンプンからなる内乳です。

【有毒部位】

全株。特に種子と葉

【成分】

種子（銀杏）に含まれるギンコトキシン（ginkgotoxin）、外種皮や葉に含まれるギンコール酸

【病態・症状】

誤って触れた場合　皮膚炎
誤って食べた場合　流涎／瞳孔散大／吐き気／嘔吐／下痢／不安な様子／低血圧／意識消失／傾眠（眼を閉じて眠ったように過ごすこと）／けいれん

【最初の対応】

皮膚に触れたら10分程度水で洗い、赤みや発疹が現れた場合は動物病院を受診してください。食べた場合、摂取量によっては命にかかわります。緊急治療が必要になる可能性があるので、様子を見ずに、ただちに動物病院を受診しましょう。

マキ科

イヌマキ

【学名】*Podocarpus macrophyllus*　【英名】Buddhist pine, yew plum pine

ペットへの有毒性

市街地

草原

【特徴】

葉は細長く扁平で、主脈1本が目立ちます。変種のラカンマキはイヌマキよりも成長が緩やかで、樹形が引き締まるため、庭木などでよく栽培されます。果実のように見える種子は、2個の鱗片が肥厚した套衣（とうい）に包まれ、種子の基部が赤く多肉質になります。赤色部は甘みがあって食べられますが、先の種子本体である緑色部は有毒です。

【有毒部位】

緑色の種子

【成分】

明らかにされていません。

【病態・症状】

誤って食べた場合
吐き気／嘔吐／下痢

種子（9～10月）

【最初の対応】

摂取量が少なければ中毒になる可能性は高くありませんが、万が一を考えて、すみやかに動物病院を受診しましょう。

イチイ科

イチイの仲間

【学名】*Taxus*　【和名】イチイ属　【英名】yew

ペットへの有毒性

毒性タイプ

イチイの種子（9～10月）
セイヨウイチイの葉

【特徴と主な種類】

葉は線形。種子を包む仮種皮は、ふつう赤色に熟します。

◆ セイヨウイチイ（別名：ヨーロッパイチイ）
ヨーロッパでは、刈込みによりトピアリーに仕立てられています。

◆ イチイ（別名：アララギ、オンコ）
生長が遅いため年輪が詰まり、良材となります。弓の材としても知られます。変種‘キャラボク’の幹は斜めに伸び、低木状に生育します。

【有毒部位】

仮種皮以外の全株。特に葉、樹皮、種子

【成分】

アルカロイドのタキシン（taxine）

【病態・症状】

赤く熟す仮種皮は食べることができますが、中の黒い種子は有毒です。

誤って食べた場合　消化不良／吐き気／嘔吐／腹痛／下痢／口渇または重度の流涎／けいれん／息切れ／呼吸困難／衰弱／震え／ふらつき／緊張／虚脱／心拍数の減少／不整脈／心不全

死亡する可能性もあります。

【最初の対応】

摂取量によっては命にかかわります。緊急治療が必要になる可能性があるので、様子を見ずに、ただちに動物病院を受診しましょう。

サトイモ科

フィロデンドロンの仲間

【学名】*Philodendron*　【和名】フィロデンドロン属

ペットへの有毒性

毒性タイプ

場所

【特徴と主な種類】

フィロデンドロン属からタウマトフィルム属（*Thaumatophyllum*）に移されましたが、再びフィロデンドロン属に戻されています。

◆ ヒトデカズラ

太い茎は直立し、やや木質化します。葉は羽状に切れ込みますが、若い株はわずかしか切れ込みません。‘セローム’の名でも流通しています。

◆ フィロデンドロン・ザナドゥ

茎は直立します。羽状に切れ込む葉を密に生じます。‘クッカバラ’や‘オージー’の名で流通しています。

【有毒部位】

全草

【成分】

細胞内に長い針状の結晶で存在する、不溶性のシュウ酸カルシウム（calcium oxalate）

【病態・症状】

誤って触れた場合

皮膚炎

誤って食べた場合

口腔・舌・口唇の激しい痛みと炎症／重度の流涎／泡を吐く／嘔吐／下痢／胃腸炎／咽喉頭の腫脹による気道閉塞／嚥下困難

死亡する可能性もあります。

【最初の対応】

皮膚に触れたら10分程度水で洗い、赤みや発疹が現れた場合は動物病院を受診してください。食べた場合、量によっては命にかかわります。緊急治療が必要になる可能性があるので、様子を見ずに、ただちに動物病院を受診しましょう。

サトイモ科

アグラオネマの仲間

【学名】*Aglaonema*　【和名】アグラオネマ属　【英名】Chinese evergreens

ペットへの有毒性

毒性タイプ

場所

屋内

アグラオネマ・コンムタツム
‘プセウドブラクテアツム’

アグラオネマ‘シルバー・キング’

アグラオネマ
‘レディー・バレンタイン’

【特徴と主な種類】

◆ **アグラオネマ・コンムタツム**

栽培品種‘プセウドブラクテアツム’は、白色地の茎に緑色斑が入り、葉には灰緑色と白色の斑と斑点が不規則に入ります。

◆ **栽培品種**

‘シルバー・クイーン’と‘シルバー・キング’はよく似ており、薄緑色地に濃緑色斑紋が主脈と葉縁周辺に不規則に入ります。近年、タイで作出された葉が赤みを帯びる栽培品種が導入されています。

【有毒部位】

全草

【成分】

細胞内に長い針状の結晶で存在する、不溶性のシュウ酸カルシウム（calcium oxalate）

【病態・症状】

誤って触れた場合　皮膚炎

誤って食べた場合　口腔・舌・口唇の激しい痛みと炎症／重度の流涎／泡を吐く／嘔吐／下痢／胃腸炎／咽喉頭の腫脹による気道閉塞／嚥下困難

死亡する可能性もあります。

【最初の対応】

皮膚に触れたら10分程度水で洗い、赤みや発疹が現れた場合は動物病院を受診してください。食べた場合、量によっては命にかかわります。緊急治療が必要になる可能性があるので、様子を見ずに、ただちに動物病院を受診しましょう。

サトイモ科

ディフェンバキアの仲間

【学名】*Dieffenbachia*　【和名】カスリソウ属　【英名】dumb cane, dumb plant

 ペットへの有毒性

毒性タイプ

場所

屋内

ディフェンバキア・アモエナ
'トロピック・スノー'

ディフェンバキア・セグイネ
'ルドルフ・レールス'

ディフェンバキア'カミラ'

【特徴と主な種類】

◆ **ディフェンバキア・アモエナ**

強健な大型種。'トロピック・スノー'がよく栽培されます。

◆ **ディフェンバキア・セグイネ**

'ルドルフ・レールス'は、葉縁と主脈付近以外はほとんど黄白緑色になります。

◆ **栽培品種**

'カミラ'は'カミユ'とも呼ばれ、黄白ないし黄白緑色地に葉縁部が緑色になります。

【有毒部位】

全草

【成分】

細胞内に長い針状の結晶で存在する、不溶性のシュウ酸カルシウム（calcium oxalate）

【病態・症状】

誤って触れた場合　皮膚炎

誤って食べた場合　口腔・舌・口唇の激しい痛みと炎症／重度の流涎／泡を吐く／嘔吐／下痢／胃腸炎／咽喉頭の腫脹による気道閉塞／嚥下困難

死亡する可能性もあります。

【最初の対応】

皮膚に触れたら10分程度水で洗い、赤みや発疹が現れた場合は動物病院を受診してください。食べた場合、量によっては命にかかわります。緊急治療が必要になる可能性があるので、様子を見ずに、ただちに動物病院を受診しましょう。

サトイモ科

スパティフィラムの仲間

【学名】*Spathiphyllum*　【和名】ササウチワ属　【英名】peace lily

ペットへの有毒性

毒性タイプ

場所

屋内

スパティフィラム・ブランドゥム

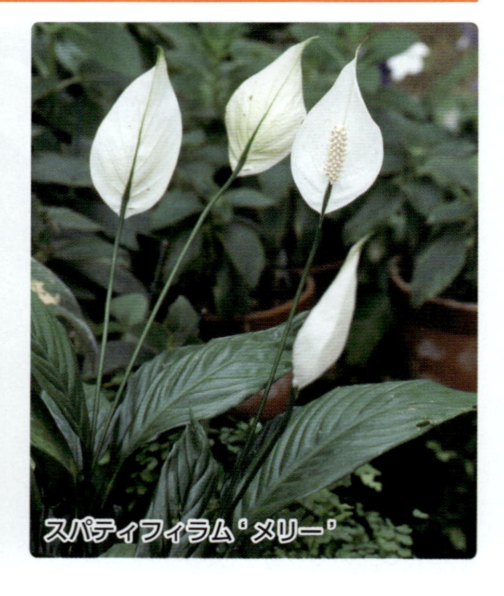

スパティフィラム'メリー'

【特徴と主な種類】

室内の観葉植物または切り花としてよく利用されています。

◆ **スパティフィラム・ブランドゥム**

仏炎苞は長楕円形で、先が尖っています。

◆ **栽培品種**

'マウナ・ロア'は高さ 1m ほどになる大型品種で、花茎もよく伸びます。仏炎苞は純白の楕円形で、長さ 10 ～ 12cm。'メリー'は日本で作出されたもので、コンパクトに育つため、室内の観葉植物として人気があります。

【有毒部位】

全草

【成分】

細胞内に長い針状の結晶で存在する、不溶性のシュウ酸カルシウム（calcium oxalate）

【病態・症状】

誤って触れた場合　皮膚炎

誤って食べた場合　口腔・舌・口唇の激しい痛みと炎症／重度の流涎／泡を吐く／嘔吐／下痢／胃腸炎／咽喉頭の腫脹による気道閉塞／嚥下困難

死亡する可能性もあります。

【最初の対応】

皮膚に触れたら 10 分程度水で洗い、赤みや発疹が現れた場合は動物病院を受診してください。食べた場合、量によっては命にかかわります。緊急治療が必要になる可能性があるので、様子を見ずに、ただちに動物病院を受診しましょう。

サトイモ科

カラーの仲間

【学名】*Zantedeschia*　【和名】オランダカイウ属　【英名】arum lily, calla, calla lily

ペットへの有毒性

毒性タイプ

場所

オランダカイウ

キバナカイウ

モモイロカイウ

【特徴と主な種類】

◆ **オランダカイウ**

ワサビ根状の地下茎を持ちます。仏炎苞は白色です。

◆ **キバナカイウ**

仏炎苞は卵形で、内側は黄色、外側は緑色を帯びた黄色です。葉には白色の斑点が入ります。

◆ **モモイロカイウ**

地下に塊茎を持ちます。仏炎苞が淡桃色～紫紅色です。

【有毒部位】

全草

【成分】

細胞内に長い針状の結晶で存在する、不溶性のシュウ酸カルシウム（calcium oxalate）

【病態・症状】

誤って触れた場合　皮膚炎

誤って食べた場合　口腔・舌・口唇の激しい痛みと炎症／重度の流涎／泡を吐く／嘔吐／下痢／胃腸炎／咽喉頭の腫脹による気道閉塞／嚥下困難

死亡する可能性もあります。

【最初の対応】

皮膚に触れたら10分程度水で洗い、赤みや発疹が現れた場合は動物病院を受診してください。食べた場合、量によっては命にかかわります。緊急治療が必要になる可能性があるので、様子を見ずに、ただちに動物病院を受診しましょう。

シュロソウ科

シュロソウの仲間

【学名】*Veratrum*　【和名】シュロソウ属　【英名】false hellebores, false helleborines, corn lilies

ペットへの有毒性

毒性タイプ

場所

草原　山間部

【特徴と主な種類】

◆ **コバイケイソウ**

葉は大型で、縦にしわを持ち、葉の基部は鞘状に茎を包みます。開花期には、高さ 0.6 ～ 1 m になります。花は白色です。バイケイソウはより大型で、より高地に自生します。

◆ **シュロソウ**

開花期には高さ 50 ～ 100cm。花は暗紫褐色です。

【有毒部位】

全草。特に根および新芽

【成分】

ステロイドアルカロイドのジェルビン（jervine）、シクロパミン（cyclopamine）、シクロポシン（cycloposine）

【病態・症状】

誤って食べた場合

胃腸炎／吐き気／嘔吐／けいれん／呼吸困難／心拍数の減少／低血圧／衰弱／震え／ふらつき／難産／胎子の先天異常／死流産

死亡する可能性もあります。

【最初の対応】

摂取量によっては命にかかわります。緊急治療が必要になる可能性があるので、様子を見ずに、ただちに動物病院を受診しましょう。

シュロソウ科

エンレイソウの仲間

【学名】*Trillium*　【和名】エンレイソウ属　【英名】birthwort, trillium

ペットへの有毒性

毒性タイプ

場所

花壇

山間部

【特徴と主な種類】

山野草として栽培されます。

◆ **オオバナノエンレイソウ**

花は白色で上向きに咲き、長さ4～6cmと大きな花弁を持ちます。

◆ **トリリウム・グランディフロルム**

長さ3～8.5cmほどの大きな白色の花弁を持ちます。

◆ **エンレイソウ**

本属中唯一、花弁がなく、花弁のようにみえるのは赤紫色の萼片です。

【有毒部位】

根茎

【成分】

サポニン類

【病態・症状】

誤って食べた場合

頻回の嘔吐

【最初の対応】

摂取量が少なければ中毒になる可能性は高くありませんが、万が一を考えて、すみやかに動物病院を受診しましょう。

ユリズイセン科

アルストロメリアの仲間

【学名】*Alstroemeria*　【和名】ユリズイセン属　【英名】Peruvian lily, lily of the Incas

ペットへの有毒性

毒性タイプ

場所

屋内　花壇

◆ **アルストロメリア・プルケラ**

和名はユリズイセン。草丈1mほど。花は半開で、赤く、先は黒色斑が入ります。丈夫で、花壇などでよく栽培されます。

◆ **栽培品種**

多数の栽培品種が知られます。主に切り花として利用され、花持ちがよいことで知られます。切り花は開花調節によりほぼ周年出回っています。また、'インディアン・サマー'のように花壇用の栽培品種も育成されています。

【有毒部位】

全草

【成分】

皮膚炎の原因物質ツリパリンA (tulipalin A)、ツリパリンB (tulipalin B)

【病態・症状】

誤って触れた場合

アレルギー性皮膚炎／湿疹

誤って食べた場合

胃腸炎／重度の流涎／吐き気／頻回の嘔吐／下痢／食欲不振／沈うつ／呼吸困難／衰弱

【最初の対応】

皮膚に触れたら10分程度水で洗い、赤みや発疹が現れた場合は動物病院を受診してください。食べた場合、量によっては命にかかわります。緊急治療が必要になる可能性があるので、様子を見ずに、ただちに動物病院を受診しましょう。

イヌサフラン科

コルチカムの仲間

【学名】*Colchicum*　【和名】イヌサフラン　【英名】autumn crocus, naked lady

ペットへの有毒性

毒性タイプ

場所

屋内

花壇

コルチカム‘ザ・ジャイアント’(9～10月)

球根

イヌサフランの葉
(3～5月)

【特徴と主な種類】

秋に花が咲き、光沢のある葉はふつう翌春に展開します。

◆ イヌサフラン

本属中、最も一般的な種で、初秋に淡藤桃色の花が咲き、高さは 15 ～ 20cm になります。

◆ 栽培品種

交雑により、栽培品種が作出されています。‘ザ・ジャイアント’は藤桃色の大きな花を付けます。‘ウォーター・リリー’は藤色の八重咲き品種です。

【有毒部位】

全草

【成分】

アルカロイドのコルヒチン（colchicine）

【病態・症状】

誤って食べた場合

口腔の激しい痛み／重度の流涎／嘔吐／腹痛／血便／けいれん／麻痺／ショック／呼吸困難

死亡する可能性もあります。

【最初の対応】

摂取量によっては命にかかわります。緊急治療が必要になる可能性があるので、様子を見ずに、ただちに動物病院を受診しましょう。

イヌサフラン科

グロリオサ（ユリグルマ、キツネユリ）

【学名】*Gloriosa superba*　【異名】*Gloriosa rothschildiana*　【英名】flame lily, climbing lily, glory lily

ペットへの有毒性

毒性タイプ

場所

屋内

グロリオサ'ローズ・クイーン'（7〜9月）

【特徴】

地下に球根を持つ、つる性の球根植物です。葉の先端にある巻きひげで他物にからんで、よじ登ります。花の縁は波打って反り返っています。雌しべの花柱は鋭角に曲がり、横に突き出ています。切り花に利用され、開花調節により周年出荷されています。

【有毒部位】

全草。特に球根

【成分】

アルカロイドのコルヒチン（colchicine）

【病態・症状】

誤って食べた場合

口腔の激しい痛み／重度の流涎／嘔吐／腹痛／血便／けいれん／麻痺／ショック／呼吸困難

死亡する可能性もあります。

【最初の対応】

摂取量によっては命にかかわります。緊急治療が必要になる可能性があるので、様子を見ずに、ただちに動物病院を受診しましょう。

ユリ科

バイモ（アミガサユリ）

【学名】*Fritillaria verticillata* var. *thunbergii*

ペットへの有毒性

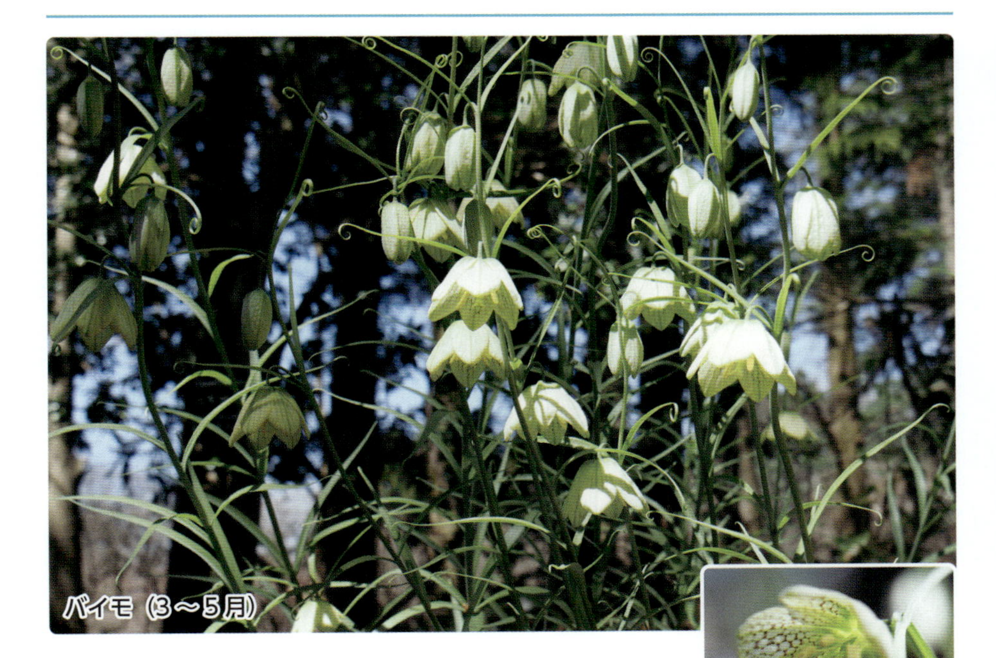
バイモ（3～5月）

【特徴】

草丈30～60cm。花は上部の葉腋に下向きで付きます。花の外側には緑色条班、内側には紫色網目状脈が入ります。観賞用に栽培されます。

【有毒部位】

全草。特に球根

【成分】

アルカロイドのフリチリン（fritillin）、ベルチシン（verticine）、フリチラリン（fritillarine）

【病態・症状】

誤って触れた場合

皮膚炎

誤って食べた場合

流涎／嘔吐／不整脈／麻痺／低血圧

【最初の対応】

皮膚に触れたら10分程度水で洗い、赤みや発疹が現れた場合は動物病院を受診してください。食べた場合、量が少なければ中毒になる可能性は高くありませんが、万が一を考えてすみやかに動物病院を受診しましょう。

ユリ科

ユリの仲間

【学名】*Lilium*　【和名】ユリ属　【英名】lily

ペットへの有毒性

毒性タイプ

場所

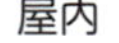

屋内　花壇　市街地　草原　山間部

ヤマユリ（7～8月）

オニユリ（7～8月）

ユリ根（コオニユリ）

【特徴と主な種類】

◆ ヤマユリ

強い芳香がある花は径 20 ～ 25cm ほどと大きく、数個～ 20 個が横向きに咲きます。花色は白色で、黄色の条線が走り、赤褐色の斑点が入ります。

◆ オニユリ

葉腋には紫褐色の珠芽（むかご）が付きます。花径は10cm ほどで、数個～ 20 個が横向きに付き、花被片は強く反り返ります。花色はオレンジに濃色の斑点が入ります。

◆ コオニユリ

オニユリに似ていますが、全体に小型で、葉腋には珠芽がありません。鱗茎は白色で苦みがなく、ユリ根として流通しているものの多くは本種です。

◆ シンテッポウユリ

テッポウユリと近縁種のタカサゴユリとの交雑により作出された、栽培品種群です。種子繁殖により 1 年以内で開花し、花が上向きに咲く栽培品種も育成され、1938 年に日本で最初に育成されました。切り花用としてよく栽培されています。

◆ カノコユリ

花は茎頂に数個から 20 個ほど付き、花径は 8 ～ 10cm ほどで、花色は淡紅色に濃色の斑点が入ります。

シンテッポウユリ（8～9月）

カノコユリ（7～8月）

アジアティック系ユリ
‘エンチャントメント’

オリエンタル系ユリ‘スターゲイザー’

◆ **アジアティック系ユリ**
スカシユリを中心に育成された栽培品種群です。
◆ **オリエンタル系ユリ**
ヤマユリを中心に育成され、‘カサブランカ’や‘スターゲイザー’がよく知られます。

【有毒部位】

全草。特に葉。花粉も有毒です。

【成分】

有毒成分は明らかではありません。

【病態・症状】

ネコに有害です。イヌに関しては、有毒とされることがありますが、英名で lily を含む他属植物の誤認と思われ、有毒情報は認められません。

誤って触れた場合　アレルギー性皮膚炎
誤って食べた場合　吐き気／嘔吐／下痢（時に血便）／食欲不振／元気消失／ふらつき／けいれん／腎臓病
死亡する可能性もあります。

【最初の対応】

皮膚に触れたら 10 分程度水で洗い、赤みや発疹が現れた場合は動物病院を受診してください。食べた場合、量によっては命にかかわります。緊急治療が必要になる可能性があるので、様子を見ずに、ただちに動物病院を受診しましょう。

ユリ科

チューリップの仲間

【学名】*Tulipa*　【和名】チューリップ属　【英名】tulip

ペットへの有毒性

毒性タイプ

花壇に植栽されたチューリップ（3～5月）

【特徴と主な種類】

◆ チューリップ

一般に「チューリップ」の名で栽培される栽培品種群は、交雑により育成されたものです。最も親しまれる園芸植物のひとつで、花壇に植栽されるほか、切り花として人気があります。

以下に紹介する野生種も、よく栽培されます。

◆ チュリパ・クルシアナ

17 世紀初めにはヨーロッパで栽培され、全体にほっそりとした上品な草姿より「貴婦人のチューリップ（lady tulip）」の名で親しまれていました。草丈は 25cm ほど。花は白～クリーム色地で、外花被は緋色を帯びます。

チューリップの球根

◆ チュリパ・リニフォリア

草丈は 20cm ほど。花は鮮やかな朱赤色。

チュリパ・クルシアナ（3～4月）

チュリパ・リニフォリア（3～4月）

チュリパ・サクサティリス（3～4月）

チュリパ・ウルミネンシス（3～4月）

◆ **チュリパ・サクサティリス**
草丈15～30cm。花は淡紫桃色で、基部に大きな黄色斑が入ります。

◆ **チュリパ・ウルミネンシス**
草丈は15cmほどの小型種です。花は中央が黄色で、外側が白色となります。

【有毒部位】

全草（葉、花茎）。特に球根

【成分】

皮膚炎の原因物質ツリパリンA（tulipalin A）、ツリパリンB（tulipalin B）

【病態・症状】

誤って触れた場合
アレルギー性皮膚炎／湿疹

誤って食べた場合
胃腸炎／重度の流涎／吐き気／頻回の嘔吐／下痢／食欲不振／沈うつ／呼吸困難／衰弱

【最初の対応】

皮膚に触れたら10分程度水で洗い、赤みや発疹が現れた場合は動物病院を受診してください。食べた場合、量によっては命にかかわります。緊急治療が必要になる可能性があるので、様子を見ずに、ただちに動物病院を受診しましょう。

アヤメ科

アヤメの仲間

【学名】*Iris*　【和名】アヤメ属　【英名】flag, fleurde-lis, sword lily

ペットへの有毒性

毒性タイプ

場所

屋内　花壇　市街地　草原　山間部

ハナショウブ'扇の的'（6月ごろ）

ジャーマンアイリス（5～6月）

【特徴と主な種類】

◆ **ハナショウブ**

ノハナショウブを原種とし、日本で品種改良が進みました。欧米で改良が進んだジャーマンアイリスともに、最も品種改良が進んだ栽培品種群です。切り花に利用されます。

◆ **ジャーマンアイリス（ドイツアヤメ）**

花の基部から中央にかけてひげ状の突起がある野生種を原種として、種間交雑により欧米を中心に育成された栽培品種群です。花壇に植栽されます。

◆ **ダッチアイリス**

種間交雑により育成された球根植物です。秋に鱗茎を植えると4月下旬から5月下旬に開花します。切り花に多用されます。

◆ **シャガ**

日本には古く中国から渡来して野生化したと考えられ、3倍体で種子はできません。地下に根茎を持ち、長い匍匐茎（ほふくけい）を伸ばし、大きな群落を形成します。花は径5cmほどで、白色または淡紫青色に、黄橙色の鶏冠状の突起があります。

◆ **アヤメ**

草丈30～60cm。花は紫色で、径8cmほど。1花茎に2～3個が付きます。花の基部に黄橙色の斑紋と紫色の網目模様が入ります。

ダッチアイリス（4～5月）

シャガ（4～5月）

アヤメ（4～5月）

イチハツ（4～5月）

◆ **イチハツ**

草丈 30 ～ 50cm。花は藤紫色で、径 10cm ほど。1 花茎に 2 ～ 3 個が付きます。花には濃紫色の斑点があり、基部から中央にかけて鶏冠状の突起があります。

【有毒部位】

全草。特に根茎と根

【成分】

アルカロイドのイリゲニン（irigenin）、イリジン（iridin）、テクトリジン（tectoridin）など

【病態・症状】

誤って触れた場合

皮膚炎

誤って食べた場合

口腔内や咽喉頭の激しい痛み／胃腸炎／吐き気／嘔吐／腹痛／下痢／高体温

【最初の対応】

皮膚に触れたら 10 分程度水で洗い、赤みや発疹が現れた場合は動物病院を受診してください。食べた場合、量が少なければ中毒になる可能性は高くありませんが、万が一を考えてすみやかに動物病院を受診しましょう。

アヤメ科

グラジオラス

【学名】*Gladiolus × hortulanus*　【和名】トウショウブ、オランダショウブ

ペットへの有毒性

グラジオラス（6～10月）

グラジオラスの球根

【特徴】

グラジオラスの名で栽培されているものは、アフリカ原産の野生種を交雑親として育成された雑種の栽培品種群を指し、夏咲き系統と春咲き系統に大別できます。ふつうグラジオラスといえば、夏咲き系統を示します。地下に球茎を持つ球根植物で、草丈は 1m 以上となります。花色は多様です。花壇に植栽されたり、切り花として利用されたりします。

【有毒部位】

球根

【成分】

有毒成分は明らかではありません。

【病態・症状】

誤って触れた場合　皮膚炎
誤って食べた場合　重度の流涎／嘔吐（時に吐血）／腹痛／下痢（時に血便）／沈うつ

【最初の対応】

皮膚に触れたら 10 分程度水で洗い、赤みや発疹が現れた場合は動物病院を受診してください。中毒量を食べた場合は、中毒症状が発現する可能性があります。すぐに動物病院を受診しましょう。

ワスレグサ科

ヘメロカリスの仲間

【学名】*Hemerocallis*　【和名】ワスレグサ属　【英名】daylily, day lily

ペットへの有毒性

毒性タイプ

場所

ヤブカンゾウ（6～9月）

ヘメロカリス'パー'（5～8月）

ヘメロカリス
'スレイ・ライド'
（5～8月）

【特徴と主な種類】

以下のものがよく栽培されます。

◆ **ノカンゾウ**　花茎は長さ 50 ～ 70cm で、先に一重咲きの花を 10 ～ 20 個付けます。変種のヤブカンゾウはノカンゾウによく似ていますが、やや大きく、花は八重咲きです。

◆ **ヘメロカリス**　交雑により育成された栽培品種群。花色は豊富で、草丈も 30cm ～ 120cm と多様です。

【有毒部位】

全草。特に葉と花

【成分】

有毒成分は明らかではありません。

【病態・症状】

誤って触れた場合

皮膚炎／アレルギー性皮膚炎

誤って食べた場合

吐き気／嘔吐／吐血／下痢（時に血便）／脱水／食欲不振／元気消失／沈うつ／腎臓病

【最初の対応】

皮膚に触れたら 10 分程度水で洗い、赤みや発疹が現れた場合は動物病院を受診してください。中毒量を食べた場合は、中毒症状が発現する可能性があります。すぐに動物病院を受診しましょう。

ヒガンバナ科

アガパンサス

【学名】*Agapanthus praecox* subsp. *orientalis*　【英名】common agapanthus

ペットへの有毒性

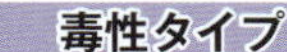

屋内　花壇　市街地

アガパンサス（5～8月）

白花の栽培品種

【特徴】

草丈60～100cm以上になる常緑の多年草です。筒状の花は長さ5cmほどで、茎頂の散形花序に多数付きます。花色は濃青色～淡青色で、白色花もあります。栽培品種も多数知られますが、その来歴ははっきりしないとされます。花壇に植えられるとともに、切り花でも利用されます。

【有毒部位】

全草。特に葉の汁液

【成分】

有毒成分は明らかではありません。

【病態・症状】

誤って触れた場合

皮膚炎／眼への刺激

誤って食べた場合

口腔の激しい痛み

【最初の対応】

皮膚に触れたら10分程度水で洗い、赤みや発疹が現れた場合は動物病院を受診してください。食べた場合、量が少なければ中毒になる可能性は高くありませんが、万が一を考えてすみやかに動物病院を受診しましょう。

ヒガンバナ科

アリウムの仲間

【学名】*Allium*　【和名】ネギ属

ペットへの有毒性

屋内

花壇

アリウム・ギガンチウム（5～6月）

アリウム・ネアポリタヌム（5～6月）

アリウム・スファエロケファロン（4～7月）

【特徴と主な種類】

全草に硫化アリル（diallyl sulfide）が含まれるので、いわゆる「ネギ臭さ」があります。たくさんの野菜やハーブが知られます（P29）。花が美しい観賞用として、以下の種類がよく知られ、花壇に植栽されたり、切り花で利用されたりします。

◆ **アリウム・ギガンチウム**

花茎の長さが 1m 以上になり、その先端に径10cm 以上の大きな花序を付けます。花は紫色です。

◆ **アリウム・ネアポリタヌム**

花茎の長さは 30 ～ 40cm で、白色の花を付けます。

◆ **アリウム・スファエロケファロン**

生け花の世界では「丹頂」と呼ばれています。花茎の長さは50～90cmで、紫色の花を付け、花序の基部の花が緑色を帯びることがあります。

【有毒部位】【成分】【病態・症状】【最初の対応】

ネギの仲間（P29）に準じます。

ヒガンバナ科

クンシラン（ウケザキクンシラン）

【学名】*Clivia miniata*　【英名】Natal lily, bush lily

ペットへの有毒性

屋内

花壇

クンシラン（3～4月）

斑入り葉の栽培品種

【特徴】

常緑の草本。長さ 40 ～ 60cm ほどの剣状の葉は 2 列に互生し、基部が筒状になって重なり合い、基部は鱗茎状になります。春に、株の中心から花茎を伸ばし、多数の花を総状花序に付けます。花茎は高さ 40 ～ 50cm で、橙色や緋赤色の花を上向きに 15 ～ 50 個付けます。葉に縦筋斑が入る栽培品種が知られます。

【有毒部位】

全草

【成分】

リコリン（lycorine）などのアルカロイド

【病態・症状】

誤って食べた場合

重度の流涎／吐き気／嘔吐／低血圧／けいれん／沈うつ／ふらつき／麻痺／腎臓病／肝障害

死亡する可能性もあります。

【最初の対応】

摂取量によっては命にかかわります。緊急治療が必要になる可能性があるので、様子を見ずに、ただちに動物病院を受診しましょう。

ヒガンバナ科

ハマユウ

【学名】*Crinum asiaticum* var. *japonicum*【英名】poison bulb, giant crinum lily, grand crinum lily, spider lily　※基本種 *Crinum asiaticum* の英名

ペットへの有毒性

毒性タイプ

場所

花壇

海辺

ハマユウ（7～9月）

【特徴】

地下に球根をもつ常緑の多年草。葉は長さ 50 ～ 80cm、幅 5 ～ 10cm で、基部が重なり合って螺旋状に十数枚が付き、茎のように見えるため偽茎（ぎけい）と呼んでいます。高さ 80cm ほどの花茎に、10 ～ 20 個の花を散形花序に付けます。花は白色で夜間に開花し、強い芳香があります。温暖地の庭や花壇などに植えられます。

【有毒部位】

全草。特に球根

【成分】

リコリン（lycorine）などのアルカロイド

【病態・症状】

誤って食べた場合

重度の流涎／吐き気／嘔吐／低血圧／けいれん／沈うつ／ふらつき／麻痺／腎臓病／肝障害

死亡する可能性もあります。

【最初の対応】

摂取量によっては命にかかわります。緊急治療が必要になる可能性があるので、様子を見ずに、ただちに動物病院を受診しましょう。

ヒガンバナ科

スノードロップ

【学名】*Galanthus nivalis*　【和名】マツユキソウ　【英名】snowdrop, common snowdrop

ペットへの有毒性

毒性タイプ

場所

【特徴】

地下に球根を持つ、高さ7～15cmほどの小型の球根植物。白色の花は長さ1.5～2cmほどで、内花被片には緑色斑が入ります。いくつかの栽培品種が知られ、大輪で草丈が25cmほどになる'アトキンシー'などがあります。名前も雰囲気も似ているため間違われることの多いスノーフレーク（写真右）も、同様の有毒成分が含まれます。

【有毒部位】

球根

【成分】

リコリン（lycorine）、ガランタミン（galanthamine）などのアルカロイド

【病態・症状】

誤って触れた場合

皮膚炎

誤って食べた場合

胃腸炎／重度の流涎／吐き気／嘔吐／下痢／低血圧／不整脈／けいれん／衰弱／震え／興奮／元気消失／心不全／昏睡

死亡する可能性もあります。

【最初の対応】

皮膚に触れたら10分程度水で洗い、赤みや発疹が現れた場合は動物病院を受診してください。食べた場合、量によっては命にかかわります。緊急治療が必要になる可能性があるので、様子を見ずに、ただちに動物病院を受診しましょう。

ヒガンバナ科

アマリリス

【学名】*Hippeastrum* hybrids　【英名】amaryllis

ペットへの有毒性

毒性タイプ

場所

【特徴】

ヒッペアストルム属の数種の野生種が交雑したことにより作成された、栽培品種群の総称です。花色は赤、ピンク、白、複色などさまざまであり、花径は巨大なものだと 20cm 以上になります。地下に球根を持ちます。葉は線形または帯状で、長さ 50cm ほどです。高さ 50 ～ 70cm ほどの花茎に、直径 10cm 以上の大きな花を数個付けます。

【有毒部位】

球根

【成分】

リコリン（lycorine）などのアルカロイド

【病態・症状】

誤って食べた場合

重度の流涎／吐き気／嘔吐／低血圧／けいれん／沈うつ／ふらつき／麻痺／腎臓病／肝障害

死亡する可能性もあります。

【最初の対応】

摂取量によっては命にかかわります。緊急治療が必要になる可能性があるので、様子を見ずに、ただちに動物病院を受診しましょう。

ヒガンバナ科

ヒガンバナの仲間

【学名】*Lycoris*　【和名】ヒガンバナ属　【英名】hurricane lily, cluster amaryllis

ペットへの有毒性

毒性タイプ

場所

ヒガンバナ（9月）

葉（10～4月）

【特徴と主な種類】

◆ ヒガンバナ

別名はマンジュシャゲ。日本全土に見られますが、自生ではなく、中国から帰化したものと考えられています。9月中旬に長さ40cmほどの花茎を伸ばし、先に緋赤色の花を数個つけます。花が咲く時期には葉がありません。葉は花が終わった10月ごろから生えてきます。

◆ ショウキズイセン

10月上旬～中旬に長さ30～60cmほどの花茎を伸ばし、その先に鮮黄色、または橙黄色の花を5～10個付けます。

◆ シロバナマンジュシャゲ

ヒガンバナとショウキズイセンの自然交雑種といわれています。花が白色である以外は、ヒガンバナとよく似ています。

◆ キツネノカミソリ

葉は開花前の春に生じ、開花前には枯れます。7月中旬～下旬に長さ30～50cmほどの花茎を伸ばし、その先に橙赤色の花を4～6個付けます。

◆ ナツズイセン

葉はスイセンに似ており、長さ30cm、幅2cmほどで、開花後の秋から翌春にかけて生

ショウキズイセン（10～11月）

シロバナマンジュシャゲ（9月）

キツネノカミソリ（8～9月）

ナツズイセン（8～9月）

じます。8月上旬に長さ50～70cmの花茎を伸ばし、その先に6～8個の漏斗状でピンク色の花を付けます。

【有毒部位】

全草。特に鱗茎

【成分】

リコリン（lycorine）やガランタミン（galanthamine）などのアルカロイド

【病態・症状】

誤って触れた場合

皮膚炎

誤って食べた場合

胃腸炎／重度の流涎／吐き気／嘔吐／下痢／低血圧／不整脈／けいれん／衰弱／震え／興奮／元気消失／心不全／昏睡

死亡する可能性もあります。

【最初の対応】

皮膚に触れたら10分程度水で洗い、赤みや発疹が現れた場合は動物病院を受診してください。食べた場合、量によっては命にかかわります。緊急治療が必要になる可能性があるので、様子を見ずに、ただちに動物病院を受診しましょう。

ヒガンバナ科

スイセンの仲間

【学名】*Narcissus*　【和名】スイセン属　【英名】daffodil（ラッパズイセンの仲間）, narcissus

ペットへの有毒性

毒性タイプ

場所

屋内

花壇

市街地

草原

ニホンズイセン（1～3月）

【特徴と主な種類】

◆ **ニホンズイセン**
ペルシアからシルクロードを経て、中国経由で海流を渡り日本に渡来したと考えられます。日本でスイセンといえば、通常はニホンズイセンを示します。越前海岸（福井県）、灘黒岩、立川（兵庫県）などで野生化した群落が見られます。

◆ **ペチコートスイセン**
花は黄色から白色。副花冠はペチコート状に広がります。

◆ **キズイセン（*N. jonquilla*）**
葉はイグサ状で、断面が丸く、縦に溝が入ります。副花冠は短いカップ状。花の香りが強いため、カオリズイセンとも呼ばれています。

◆ **栽培品種**
きわめて多くの栽培品種が育成され、秋植えの球根植物として一般的です。球根がタマネギやノビルに、葉がニラに似て

ニホンズイセンの葉

ペチコートスイセン（1～4月）

キズイセン（3～4月）

スイセン'ピンク・チャーム'（4月）

球根

いるため、誤って口にすることによる食中毒が人では報告されています。

【有毒部位】

全草。特に球根

【成分】

アルカロイドのリコリン（lycorine）、ガランタミン（galanthamin）、タゼチン（tazettine）など

【病態・症状】

誤って触れた場合

皮膚炎

誤って食べた場合

胃腸炎／重度の流涎／吐き気／嘔吐／下痢／低血圧／不整脈／けいれん／衰弱／震え／興奮／元気消失／心不全／昏睡

死亡する可能性もあります。

【最初の対応】

皮膚に触れたら10分程度水で洗い、赤みや発疹が現れた場合は動物病院を受診してください。食べた場合、量によっては命にかかわります。緊急治療が必要になる可能性があるので、様子を見ずに、ただちに動物病院を受診しましょう。

ヒガンバナ科

ネリネの仲間

【学名】*Nerine*　【和名】ネリネ属　【英名】Jersey lily, Guernsey lily, nerine, spider lily

ペットへの有毒性

毒性タイプ

場所

屋内　花壇

ネリネの栽培品種（10～11月）

【特徴と主な種類】

地下に球根を持つ球根植物です。

◆ **ネリネ・ボウデニー**

花茎は40～50cmで、先端に7～12個花を付けます。花は濃ピンク色。

◆ **ネリネ栽培品種群**

花被片に光沢があり、日に当たると輝くことから、「ダイヤモンド・リリー」とも呼ばれます。切り花として人気があります。

【有毒部位】

全草。特に鱗茎

【成分】

アルカロイドのリコリン（lycorine）、タゼチン（tazettine）など

【病態・症状】

誤って触れた場合　皮膚炎

誤って食べた場合　重度の流涎／吐き気／嘔吐／下痢／胃腸炎／低血圧／不整脈／けいれん／衰弱／震え／興奮／元気消失／心不全／昏睡

死亡する可能性もあります。

【最初の対応】

皮膚に触れたら10分程度水で洗い、赤みや発疹が現れた場合は動物病院を受診してください。食べた場合、量によっては命にかかわります。緊急治療が必要になる可能性があるので、様子を見ずに、ただちに動物病院を受診しましょう。

ヒガンバナ科

タマスダレ

【学名】*Zephyranthes candida*　【英名】fairy lily, rain lily, white rain lily

花壇

市街地

【特徴】

地下に球根を持つ球根植物。葉は肉厚で、線状または扁平状。花茎は 20 ～ 30cm で、径 4 ～ 5cm の白色花を付けます。日本の環境によく適応し、人里周辺で半野生化しています。

【有毒部位】

全草

【成分】

アルカロイドのリコリン（lycorine）

【病態・症状】

誤って食べた場合

重度の流涎／吐き気／嘔吐／低血圧／けいれん／沈うつ／ふらつき／麻痺／腎臓病／肝障害

死亡する可能性もあります。

【最初の対応】

摂取量によっては命にかかわります。緊急治療が必要になる可能性があるので、様子を見ずに、ただちに動物病院を受診しましょう。

クサスギカズラ科

アガベの仲間

【学名】*Agave*　【和名】リュウゼツラン属　【英名】agave, century plant

吉祥天

【特徴と主な種類】

葉は多肉質で、多くは葉先が鋭く尖り、縁に刺があります。花を咲かせるまでに数十年かかることから、1世紀（100年）に一度開花すると思われたため、英名「century plant」と呼ばれます。開花・結実後に枯れてしまいます。

◆ アオノリュウゼツラン

灰緑色の葉の長さが1～1.5mになる大型のアガベで、公園などに植栽されます。葉に斑が入る'マルギナタ'などが知られます。

◆ 吉祥天（きっしょうてん）

葉は灰色がかった緑色です。中型のアガベで、耐寒性が高く、戸外でも栽培可能です。

吉祥天の刺

アオノリュウゼツラン'マルギナタ'

雷神

笹の雪

◆ 雷神（らいじん）

葉は緑灰色の中型種で、中型のアガベです。葉に斑が入るさまざまなタイプが知られます。

◆ 笹の雪（ささのゆき）

葉の縁に特徴的な白いラインが入る、小型のアガベです。葉のラインから、「ペンキ」の名でも流通しています。

【有毒部位】

葉

【成分】

シュウ酸カルシウム。アガベの多くの種はステロイド性サポゲニン（steroidal sapogenins）を含む可能性があります。まれに肝毒性サポゲニン（hepatotoxic sapogenins）を含む種が知られます。

【病態・症状】

誤って触れた場合

皮膚炎／じんましん／発赤

誤って食べた場合

口腔の痛み／肝障害（種類による）／四肢の浮腫

【最初の対応】

皮膚に触れたら10分程度水で洗い、赤みや発疹が現れた場合は動物病院を受診してください。食べた場合、量によっては命にかかわります。緊急治療が必要になる可能性があるので、様子を見ずに、ただちに動物病院を受診しましょう。

クサスギカズラ科

スズランの仲間

【学名】*Convallaria*　【和名】スズラン属　【英名】lily of the valley

ペットへの有毒性

毒性タイプ

場所

ドイツスズラン（5～6月）
ドイツスズランの果実

【特徴と主な種類】

晩春に、特徴的な鐘状の小さな白色花を付けます。有毒成分は水溶性なので、生け花を活けた水も有毒です。

◆ **ドイツスズラン**　ヨーロッパ原産。スズランに比べて花が大きく、香りが強いという特徴があります。スズランの名で栽培されているのは本種です。

◆ **スズラン**　別名はキミカゲソウ。日本（特に北海道、東北）でも自生しています。

【有毒部位】

全草。特に花と根

【成分】

根茎に強心配糖体のコンバラトキシン（convallatoxin）、コンバラマリン（convallamarin）、コンバロシド（convalloside）

【病態・症状】

誤って食べた場合

口腔の痛み／吐き気／嘔吐／腹痛／下痢／消化不良／不整脈／けいれん／錯乱／ふらつき／腎臓病

死亡する可能性もあります。

【最初の対応】

摂取量によっては命にかかわります。緊急治療が必要になる可能性があるので、様子を見ずに、ただちに動物病院を受診しましょう。

クサスギカズラ科

コルディリネの仲間

【学名】*Cordyline*　【和名】センネンボク属

ペットへの有毒性

毒性タイプ

屋内

花壇

コルディリネ‘愛知赤’

コルディリネ
‘チョコレート・クイーン’

コルディリネ・ストリクタ
‘スバル’

【特徴と主な種類】

以下の２種が観葉植物として利用されます。沖縄などで庭植えされます。

◆ コルディリネ

代表的な観葉植物で、多くの栽培品種が知られます。光沢がある葉は茎頂付近でらせん状に付きます。

◆ コルディリネ・ストリクタ

葉は密に付き、剣状です。‘スバル’は葉に黄緑色の縦縞が入ります。

【有毒部位】

全株

【成分】

サポニン（saponin）

【病態・症状】【最初の対応】

ドラセナの仲間（P142）と同様です。

クサスギカズラ科

ドラセナの仲間

【学名】*Dracaena*　【和名】リュウケツジュ属

ペットへの有毒性

場所

屋内

ドラセナ・フラグランス'ワーネッキー'

ドラセナ・フラグランス
'ワーネッキー・コンパクタ'

ドラセナ・フラグランス
'マッサンゲアナ'

ドラセナ・フラグランス'ビクトリア'

【特徴と主な種類】

コルディリネ（P141）に近縁で、同様に観葉植物に利用されるほか、切り枝としても用いられます。

◆ ドラセナ・フラグランス

「幸福の木」として販売されているものの多くは、本種の栽培品種です。古い株では下葉が落ちます。'ワーネッキー'は最も一般的な栽培品種で、緑色地に白色条線が入ります。'ワーネッキー・コンパクタ'は矮性の栽培品種で、葉がややねじれています。'マッサンゲアナ'も一般的な栽培品種で、葉に淡黄色の幅広い縦縞が入ります。'ビクトリア'は緑色地に鮮黄色の幅広い覆輪が入ります。

ドラセナ・マルギナタ
‘トリカラー・レインボー’

ドラセナ・スルクロサ
‘フロリダ・ビューティー’

ドラセナ・レフレクサ
‘ソング・オブ・インディカ’

◆ **ドラセナ・マルギナタ**
ドラセナ・コンキンナの名でも流通しています。葉は長披針形で、長さ 50cm ほど。‘トリカラー・レインボー’は、葉に濃紅色の覆輪が入ります。

◆ **ドラセナ・レフレクサ**
葉は線形～披針形で、縁は波状です。‘ソング・オブ・インディカ’は、葉に幅の広い黄色の覆輪が入ります。

◆ **ドラセナ・スルクロサ**
本属には珍しく、茎は細くてよく分枝します。切り枝として利用されます。‘フロリダ・ビューティー’は、葉に黄白色の斑点が密に入ります。

【有毒部位】

全株

【成分】

サポニン（saponin）、配糖体（glycosides）

【病態・症状】

誤って食べた場合
瞳孔散大（ネコ）／重度の流涎／腹痛（ネコ）／嘔吐／食欲不振／呼吸障害（ネコ）／心拍数の増加（ネコ）／脱力

【最初の対応】

摂取量によっては命にかかわります。緊急治療が必要になる可能性があるので、様子を見ずに、ただちに動物病院を受診しましょう。

クサスギカズラ科

ギボウシの仲間

【学名】*Hosta*　【和名】ギボウシ属　【英名】hosta, plantain lily

ペットへの有毒性

毒性タイプ

場所

サガエギボウシ

【特徴と主な種類】

美しい葉と花を観賞するために、日陰の庭などでよく栽培されます。多くの栽培品種が育成され、世界中で人気があります。一部は若芽を食用として「ウルイ」などと呼ばれます。

◆ **タマノカンザシ**

マルバタマノカンザシ（中国原産）の変種で、日本では江戸時代から観賞用に栽培されています。純白の花が夜間に咲き、芳香を放ちます。

◆ **オオバギボウシ**

本属中、山野で最もよく見られます。ギボウシ属では最大種で、葉は長さ 30 ～ 40cm と大きいです。本種などの若葉や葉柄をウルイと呼び、東北地方から中部地方で人気がある

ウルイ

山菜です。

◆ **コバギボウシ**

湿地を好み、葉形は変異に富みます。花は淡紫色。匍匐茎を伸ばして増えるので、グラン

タマノカンザシ（8～9月）

コバギボウシ（7～8月）

スジギボウシ

ドカバープランツに適しています。

◆ **サガエギボウシ**

大きな葉に鮮明な黄覆輪が入ります。大正時代後期に食用として栽培されていた本属植物から見出された、美しい変異株です。世界中で評価されていますが、その起源については明らかではありません。

◆ **スジギボウシ**

江戸時代から栽培されてきた栽培品種です。葉が波状にねじれ、白色または黄色の班が入ります。

【有毒部位】

全草

【成分】

ステロイドサポニン (steroidal saponins) が含まれますが、健康被害の原因となるかは不明です。

【病態・症状】

誤って食べた場合

口腔の痛み／重度の流涎／嘔吐／下痢／けいれん／沈うつ

【最初の対応】

摂取量が少なければ中毒になる可能性は高くありませんが、万が一を考えて、すみやかに動物病院を受診しましょう。

クサスギカズラ科

ヒアシンス

【学名】*Hyacinthus orientalis*　【英名】common hyacinth, garden hyacinth, Dutch hyacinth

ペットへの有毒性

毒性タイプ

【特徴】

地下に径5cmほどの球根を持つ球根植物。春先に肉質の葉を出し、その中心から太い花茎を伸ばします。香りのよい花を多数付け、その花色は青紫、ピンク、紅、白、薄黄色です。花壇や鉢に植えるほか、屋内において専用の瓶で水栽培されます。

【有毒部位】

全草。特に球根

【成分】

アルカロイドのリコリン（lycorine）。汁液にはシュウ酸カルシウム（calcium oxalate）

【病態・症状】

誤って触れた場合

皮膚炎

誤って食べた場合

嘔吐／腹痛／下痢（時に血便）／震え／沈うつ

【最初の対応】

皮膚に触れたら10分程度水で洗い、赤みや発疹が現れた場合は動物病院を受診してください。食べた場合、量が少なければ中毒になる可能性は高くありませんが、万が一を考えてすみやかに動物病院を受診しましょう。

クサスギカズラ科

オモト

【学名】*Rohdea japonica*　【英名】Japanese sacred lily, lily of China, Nippon lily, sacred lily

ペットへの有毒性

毒性タイプ

場所

花壇

山間部

果実（12月）

【特徴】

葉は数枚が地際から生じます。5～7月に、長さ7～10cmの太い花茎を伸ばし、淡黄色の花を15～30個付けます。果実は液果で、初冬に赤く、まれに黄色に熟します。葉の形態、大きさ、斑の入り方などさまざまな栽培品種が知られます。

【有毒部位】

全草

【成分】

強心配糖体のロデイン（rhodeine)、ロデキシン（rhodexin)。特に根茎にはロデイン(rhodeine)、葉にはロデキシンA、B、C(rhodexin A、B、C)

【病態・症状】

誤って食べた場合

流涎／吐き気／嘔吐／呼吸促迫／激しい動悸／低血圧／全身の麻痺／けいれん／起立困難

【最初の対応】

摂取量によっては命にかかわります。緊急治療が必要になる可能性があるので、様子を見ずに、ただちに動物病院を受診しましょう。

クサスギカズラ科

オーニソガラムの仲間

【学名】*Ornithogalum*　【和名】オオアマナ属　【英名】star-of-Bethlehem

ペットへの有毒性

毒性タイプ

場所

オーニソガラム・アラビクム（5～7月）

【特徴と主な種類】

地下に球根を持つ球根植物です。以下の種類が、花壇植えや切り花に利用されます。

◆ **オーニソガラム・アラビクム**

50cmほどの花茎を伸ばして、白花を付けます。雌しべが黒く、よく目立ちます。花には芳香があります。

◆ **オーニソガラム・ダビウム**

本属には珍しく、花色はオレンジ色から黄色です。やや寒さに弱いので、鉢植えで温かい場所に置かれ管理されます。

◆ **オーニソガラム・サンデルシー**

高さ90cmほどの花茎に多数の白花を付けます。中心の子房が濃緑色となります。

オーニソガラム・ダビウム（4～5月）

オーニソガラム・サンデルシー（7～8月）

◆ **オーニソガラム・ウンベラタム**
和名はオオアマナです。寒さに強く、半野生化することがあります。10～20cmの花茎に10個ほどの花を付けます。花は白色で、裏面は緑色地に白色の筋が入ります。

オーニソガラム・ウンベラタム（4～5月）

◆ **オーニソガラム・シルソイデス**
30～60cmの花茎に、20～30個の白花を密に付けます。切り花に利用されます。

【有毒部位】

全草。特に球根

【成分】

アルカロイド（alkaloids）、強心配糖体（cardiac-glycosides）、シュウ酸カルシウムの針状結晶（calcium oxalate crystals）

【病態・症状】

誤って触れた場合
皮膚炎
誤って食べた場合
口唇・舌・咽喉頭の激しい痛み／下痢／呼吸困難／不整脈

【最初の対応】

皮膚に触れたら10分程度水で洗い、赤みや発疹が現れた場合は動物病院を受診してください。食べた場合、量によっては命にかかわります。緊急治療が必要になる可能性があるので、様子を見ずに、ただちに動物病院を受診しましょう。

オーニソガラム・シルソイデス（4～5月）

クサスギカズラ科

ユッカの仲間

【学名】*Yucca*　【和名】イトラン属　【英名】yucca

ペットへの有毒性

ユッカ・エレファンティペス

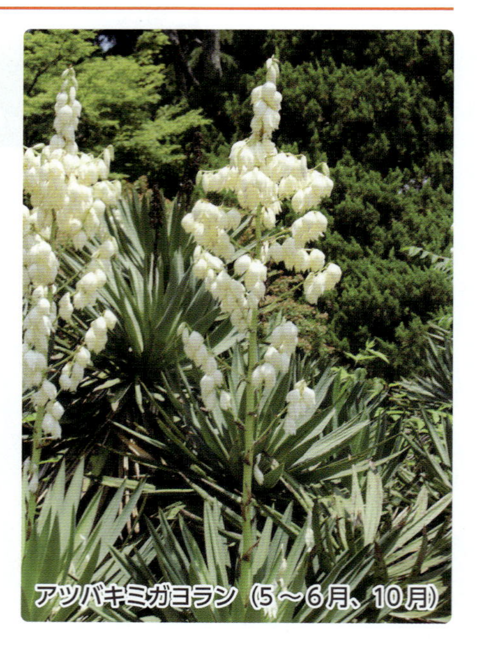
アツバキミガヨラン（5～6月、10月）

【特徴と主な種類】

◆ **ユッカ・エレファンティペス**

日本では「青年の木」の名で流通し、観葉植物として室内で利用されます。葉は柔らかく、先に刺はありません。

◆ **センジュラン**

庭などに植えられます。葉の先端は針のように尖っています。

◆ **アツバキミガヨラン**

庭園樹・庭木として利用されています。葉は硬く、先は尖っています。

【有毒部位】

全株

【成分】

ステロイドサポニン（steroidal saponins）

【病態・症状】

誤って食べた場合

口腔の痛みと炎症／腸炎／重度の流涎／嘔吐／下痢／けいれん／沈うつ

【最初の対応】

摂取量によっては命にかかわります。緊急治療が必要になる可能性があるので、様子を見ずに、ただちに動物病院を受診しましょう。

ゴクラクチョウカ科

ゴクラクチョウカ（ストレリチア）

【学名】*Strelitzia reginae*　【英名】crane flower, bird of paradise

ペットへの有毒性

屋内　花壇　市街地

【特徴】

無茎で、高さ 1 ～ 1.5m ほど。花茎の先に長さ 16 ～ 20cm の舟状の苞が横向きに付き、中に数個の花を付けます。和名は、美しい花をパプアニューギニアなどに自生するオオフウチョウ（別名：極楽鳥）に見立てたものです。切り花などに利用されるほか、温暖地では庭や公園など戸外に植えられます。

【有毒部位】

全草

【成分】

不明

【病態・症状】

誤って食べた場合

嘔吐／腹痛／下痢／沈うつ

【最初の対応】

摂取量が少なければ中毒になる可能性は高くありませんが、万が一を考えて、すみやかに動物病院を受診しましょう。

ツユクサ科

トラデスカンティアの仲間

【学名】*Tradescantia*　【和名】ムラサキツユクサ属　【英名】inch plant, wandering jew, spiderwort

ペットへの有毒性

毒性タイプ

場所

屋内　花壇　市街地　草原

トラデスカンティア・フルミネンシス‘トリカラー’

【特徴と主な種類】

多くの種類が室内の観葉植物や、庭や公園などに植栽され、利用されています。

◆ **トラデスカンティア・セリントイデス**

茎は紫色を帯び、地表を這うか斜めに立ち上がります。葉の表面は緑色、裏面は紫色です。表面に斑が入る栽培品種が知られます。

◆ **トキワツユクサ**

茎は匍匐します。帰化植物として野生化しています。葉に斑が入る栽培品種がトラデスカンティア・フルミネンシスの名で知られ、観葉植物として利用されます。

◆ **ムラサキゴテン**

セトクレアセアの名でも流通しています。茎は匍匐または直立します。地上部全体が紫色をしており、葉全面に白く柔らかい毛が密生しています。寒さにやや強く、東京以西では戸外でも越冬できます。

◆ **ムラサキオモト**

茎は短く直立します。葉は茎の先に密生し、やや多肉質です。葉に斑が入る栽培品種が知られます。

◆ **ゼブリナ**

茎は匍匐します。葉の表面に銀白色の縞が 2 本入り、裏面は濃紫色です。

【有毒部位】

葉

トラデスカンティア・セリントイデス

トキワツユクサ（5～8月）

ムラサキゴテン（7～10月）

ムラサキオモト

ゼブリナ

【成分】

不明ですが、シュウ酸結晶（oxalate crystals）の可能性があります。

【病態・症状】

誤って触れた場合

皮膚炎

誤って食べた場合

嘔吐／下痢

【最初の対応】

皮膚に触れたら 10 分程度水で洗い、赤みや発疹が現れた場合は動物病院を受診してください。食べた場合、量が少なければ中毒になる可能性は高くありませんが、万が一を考えてすみやかに動物病院を受診しましょう。

イネ科

芒があるイネ科植物

【学名】*Poaceae*　【英名】grass

ペットへの有毒性

場所

【特徴と主な種類】

有毒成分はありませんが、硬い芒により健康被害を引き起こすイネ科植物があります。イネ科植物の穂は小穂と呼ばれる単位から構成されていますが、小穂の先端にある刺状の突起を芒と呼んでいます。小穂の基部から長い突起や剛毛が伸び、芒状となる場合もあります。イネ科植物の中でも、小穂が簡単に外れて、かつ芒や芒状突起が硬い場合、ペットの肉球や尻付近などの体表に刺さったり、眼や耳の中に入ったりすることで健康被害が起こります。イヌの事例が多く、散歩時に芒が付着します。次の種類のほか、同様の形質を持つイネ科植物（例えば、チカラシバ、コムギなど）において健康被害を引き起こす可能性があります。

◆ ススキ

草原や道端によく見かけます。高さ1～2m。葉にはケイ酸を多く含み、縁は鋭い鉤状で、手が切れるほどです。高さ30～80cmほど。芒状突起は長く、途中で屈折しています。

◆ エノコログサ

別名はネコジャラシ。道端、空き地、畑地などによく見かけます。高さ40～70cm。花

ススキ（8～10月）

ススキの芒

ホソノゲムギ（6～8月）

穂は円柱状で、長さ 2 ～ 6cm。別名のネコジャラシは、花穂でネコがじゃれ遊ぶことに由来しています。

◆ **ホソノゲムギ**

オーナメンタル・グラスとして庭などに植栽されます。道端などに野生化もしています。高さ 30 ～ 50cm。花穂は長さ 10cm ほどで、長い芒が目立ちます。

【有毒部位】【成分】

芒の機械的刺激（有毒成分はありませんが、ペットへの健康被害が多く見られるため参考として掲載しています）。

【病態・症状】

中毒以外の注意点　（外傷）芒による皮膚・眼・鼻・耳などの機械的損傷／芒を誤って食べたことによる口腔の損傷／鼻腔内または胸腔内へ芒が侵入することによる膿胸（胸腔内に膿がたまる病気）

【最初の対応】

散歩中に四肢を気にする、眼をこする、頭を振るなどの行動があれば、芒の影響が考えられます。ていねいに体表を観察し、ブラッシングをして芒を取りのぞきます。万が一を考えて、すみやかに獣医師に相談してください。

サトイモ科

アロカシアの仲間

【学名】*Alocasia*　【和名】クワズイモ属　【英名】elephant's-ear plant

ペットへの有毒性

毒性タイプ

場所

屋内

花壇

アロカシア・ミコリツィアナ

【特徴と主な種類】

観葉植物として利用されます。

◆ **アロカシア・アマゾニカ**

葉は狭三角形で、表面には金属光沢があり、暗緑色地に葉縁と主脈が銀灰色となり、葉縁は波状となります。

◆ **シマクワズイモ**

葉は卵心形で、先はやや尾状に尖り、表面は光沢のある暗緑色です。

◆ **アロカシア・ミコリツィアナ**

葉は長卵形で、表面はビロード状の光沢がある緑色で、葉縁と主脈、主側脈が白色となります。栽培品種 'グリーン・ベルベット' が観葉植物としてよく栽培されます。

アロカシア・アマゾニカ

◆ **クワズイモ**

葉は矢じり状卵形で、両面とも緑色です。観

シマクワズイモ

アロカシア・サンデリアナ

クワズイモ

フイリクワズイモ

葉植物としてよく栽培されます。葉に不規則な白色斑が入るフイリクワズイモが人気です。

◆ **アロカシア・サンデリアナ**

葉は狭三角形で、表面は金属光沢のある暗緑色、葉縁と脈部が銀灰色になり、縁は波状に切れ込んでいます。

【有毒部位】

全草

【成分】

細胞内に長い針状の結晶で存在する不溶性のシュウ酸カルシウム（calcium oxalate）、タンパク質分解酵素（proteolytic enzymes）

【病態・症状】

誤って食べた場合

口腔・舌・口唇の激しい痛み／胃炎／咽喉頭の腫脹／重度の流涎／泡を吐く／嘔吐／下痢／嚥下困難／呼吸困難／血液凝固障害

死亡する可能性もあります。

【最初の対応】

摂取量によっては命にかかわります。緊急治療が必要になる可能性があるので、様子を見ずに、ただちに動物病院を受診しましょう。

サトイモ科

アンスリウムの仲間

【学名】*Anthurium*　【和名】ベニウチワ属　【英名】flamingo flower, tailflower

ペットへの有毒性　　毒性タイプ　　場所

アンスリウム・アンドレアヌム
(5～10月)

アンスリウム・シェルツェリアヌム
(5～10月)

【特徴と主な種類】

美しく色付く仏炎苞を観賞する以下のものが、切り花や鉢花として利用されています。

◆ **アンスリウム・アンドレアヌム**

和名はオオベニウチワ。仏炎苞はふつう心形で、光沢があり、朱赤や白色などに色付き、長さ 10 ～ 30cm ほどです。

◆ **アンスリウム・シェルツェリアヌム**

和名はベニウチワ。仏炎苞には前種のような光沢がありません。

【有毒部位】

全草

【成分】

細胞内に長い針状の結晶で存在する、不溶性のシュウ酸カルシウム（calcium oxalate）

【病態・症状】

誤って触れた場合　皮膚炎

誤って食べた場合　口腔・舌・口唇の激しい痛みと炎症／重度の流涎／泡を吐く／嘔吐／下痢／胃腸炎／咽喉頭の腫脹による気道閉塞／嚥下困難

死亡する可能性もあります。

【最初の対応】

皮膚に触れたら 10 分程度水で洗い、赤みや発疹が現れた場合は動物病院を受診してください。食べた場合、量によっては命にかかわります。緊急治療が必要になる可能性があるので、様子を見ずに、ただちに動物病院を受診しましょう。

サトイモ科

カラジウム

【学名】*Caladium bicolor*　【異名】*Caladium hortulanum*　【和名】ニシキイモ　【英名】angel wings

ペットへの有毒性

毒性タイプ

場所

屋内　花壇　市街地

多様な栽培品種

花壇に植えられたカラジウム‘シラサギ’

【特徴】

鉢物の観葉植物として室内で観賞されるほか、高温期の花壇に植えられます。

地下に球根を持つ多年草。園芸上は、春植え球根として扱われています。葉は卵形または矢じり形で、塊茎から群生します。葉身は長さ 30 ～ 35cm ほどで、栽培品種によりさまざまな色の斑紋が入ります。‘シラサギ’は最もよく知られる栽培品種で、白地の葉に葉脈部が緑色となり、涼しげです。

【有毒部位】【成分】【病態・症状】【最初の対応】

ポトス（P68）と同様です。

サトイモ科

テンナンショウの仲間

【学名】*Arisaema*　【和名】テンナンショウ属　【英名】cobra lily, Jack-in-the-pulpit

ペットへの有毒性

毒性タイプ

場所

ユキモチソウ（4～5月）

ユキモチソウの果実（6～10月）

ウラシマソウ（3～4月）

【特徴と主な種類】

地下に球根を持つ多年草で、特徴的な仏炎苞が目立ちます。果実はトウモロコシ状に付き、赤く熟します。

◆ **マムシグサ**

仏炎苞は紫色に近く、白条線が入ります。仏炎苞が緑色のものは、アオマムシグサまたはカントウマムシグサと呼ばれます。

◆ **ユキモチソウ**

肉穂花序の上部の付属体は白色で、餅状に肥大し、和名の由来になっています。

◆ **ウラシマソウ**

肉穂花序の上部の付属体は先が糸状に長く伸びているため、浦島太郎の釣竿を連想させることが和名の由来となっています。

【有毒部位】
【成分】
【病態・症状】
【最初の対応】

ポトス（P68）とほぼ同様です。

マムシグサ（4～6月）

ケシ科

ムラサキケマンの仲間

【学名】*Corydalis*　【和名】キケマン属

ペットへの有毒性

毒性タイプ

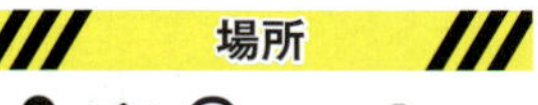

【特徴と主な種類】

◆ ムラサキケマン

日本全国に分布する一般的な野草です。筒状の花は赤紫色で、長さ2cmほどです。

◆ ヒマラヤエンゴサク

花は特徴ある澄んだ淡青色で、人気の園芸植物です。コリダリス・フレクスオーサの名でも流通しています。

【有毒部位】

全草

【成分】

イソキノリンアルカロイド（isoquinoline alkaloids）のアポモルヒネ（apomorphine）、プロトピン（protopine）、プロトベルベリン（protoberberine）

【病態・症状】

誤って食べた場合

吐き気／嘔吐／下痢／不整脈／徐脈／呼吸困難／震え／ふらつき／けいれん

死亡する可能性もあります。

【最初の対応】

摂取量によっては命にかかわります。緊急治療が必要になる可能性があるので、様子を見ずに、ただちに動物病院を受診しましょう。

ケシ科

クサノオウ

【学名】*Chelidonium majus*　【英名】greater celandine

ペットへの有毒性

毒性タイプ

場所

市街地

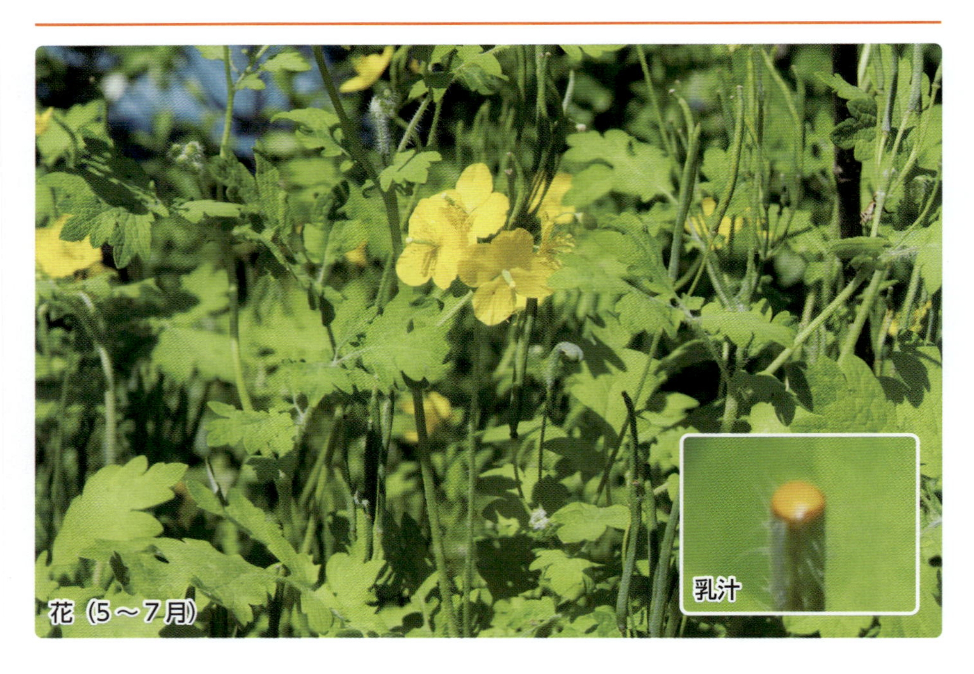

花（5～7月）

【特徴】

高さ40～80cmの一年草です。葉は2～3回羽状複葉です。花弁は4枚で、黄色です。植物体を傷つけると、黄～橙色の乳汁を出します。

【有毒部位】

全草。特に根部

【成分】

アルカロイド（alkaloids）のケレリスリン(chelerythrine)、ケリドニン（chelidonine)、サンギナリン（sanguinarine)、プロトピン(protopine）など

【病態・症状】

誤って触れた場合

皮膚炎／眼への刺激

誤って食べた場合

吐き気／嘔吐／血便／便秘／肺うっ血／麻痺／けいれん／沈うつ／失神／昏睡

死亡する可能性もあります。

【最初の対応】

皮膚に触れたら10分程度水で洗い、赤みや発疹が現れた場合は動物病院を受診してください。食べた場合、量によっては命にかかわります。緊急治療が必要になる可能性があるので、様子を見ずに、ただちに動物病院を受診しましょう。

ケシ科

アザミゲシ

【学名】*Argemone mexicana*　【英名】Mexican poppy, Mexican prickly poppy

ペットへの有毒性

毒性タイプ

場所

花（6～8月）

【特徴】

草丈は 50 ～ 60cm の一年草です。葉は白い斑点が入り、葉縁には鋭い刺があります。花は鮮やかな黄色です。茎や葉を傷つけると、鮮やかな黄色い乳汁が出ます。日本には江戸時代に渡来し、一部は野生化しています。和名はケシ様の花とアザミのような葉縁の刺に由来しています。

【有毒部位】

全草。特に果実と乳汁

【成分】

アルカロイド（alkaloids）のサンギナリン（sanguinarine）、ベルベリン（berberine）、プロトピン（protopine）など

【病態・症状】

誤って食べた場合

胃腸炎／循環不全／浅くゆっくりとした呼吸／呼吸抑制／沈静作用／昏睡

死亡する可能性もあります。

【最初の対応】

摂取量によっては命にかかわります。緊急治療が必要になる可能性があるので、様子を見ずに、ただちに動物病院を受診しましょう。

ケシ科

ケシの仲間

【学名】*Papaver*　【和名】ケシ属

ペットへの有毒性

毒性タイプ

アイスランドポピー（3～5月）

【特徴と主な種類】

日本では法律により、ケシ、アツミゲシ、ハカマオニゲシは栽培が規制されているので、ペットとの遭遇の可能性は低くなります。しかし、アツミゲシは野生化しているため、遭遇する可能性があります。以下のものが園芸用に利用されたり、野生化したりしています。

◆ モンツキヒナゲシ

高さ50～60cm。径6～7cmの花は赤色で、花弁の基部に大きな黒斑が入ります。

◆ ナガミヒナゲシ

高さ15cm～60cm。花は紅～橙色で、径2～5cm。地中海沿岸原産の帰化植物で繁殖力が強く、空き地や道路わきなどに見られます。

◆ アイスランドポピー

和名はシベリアヒナゲシ。高さ30～40cmほど。花は径6～10cmで、花色は白、ピンク、黄、橙、橙赤などがあります。日本ではケシ属植物としてはヒナゲシとともに一般的で、花壇に植えるとともに、切り花としてもよく使われています。

◆ ヒナゲシ

別名はグビジンソウ。高さは50～70cm、花は径5～10cmです。赤紅の色地で、黒斑はふつう基部に入ります。栽培品種の花色は白、ピンク、紅など変化に富みます。シャレー・ポピーの名は本種の栽培品種群の総称です。

モンツキヒナゲシ（4～6月）

ナガミヒナゲシ（4～6月）

ヒナゲシ（4～5月）

アツミゲシ（5～6月）

◆ **アツミゲシ**

日本ではあへん法により、許可なく栽培することは禁止されていますが、野生化しています。高さ20～80cm。花は径5～10cmで、花色は薄紫色です。

【有毒部位】

全草

【成分】

アツミゲシにはケシと同様に、モルヒネ（morphine）を含んでいます。他種にも多様なアルカロイド、例えばモンツキヒナゲシにはイソコリジン（isocorydine）、アイスランドポピーにはケリドニン（chelidonine）、ヒナゲシにはロエアジン（rhoeadine）、ロエアゲニン（rhoeagenine）などが含まれます。

【病態・症状】

誤って食べた場合

嘔吐／腸の運動低下／麻痺／興奮／神経症状／嗜眠／沈うつ／昏睡

【最初の対応】

摂取量によっては命にかかわります。緊急治療が必要になる可能性があるので、様子を見ずに、ただちに動物病院を受診しましょう。

ケシ科

ケマンソウ（タイツリソウ）

【学名】*Lamprocapnos spectabilis*　【異名】*Dicentra spectabilis*　【英名】bleeding heart

ペットへの有毒性

毒性タイプ

ケマンソウ（4～6月）

【特徴】

高さ 70 ～ 80cm。ピンク色の花は扁平で、長さ 3cm ほどです。斜めに伸びる花序に 10 ～ 15 個の花が、垂れ下がって付きます。白花の栽培品種 'アルバ' が知られます。和名は、花形が仏堂の装飾具の「華鬘（けまん）」に似ていることに由来しています。別名のタイツリソウは、釣竿にぶら下がる鯛を連想したことに由来します。

【有毒部位】

全草。特に根茎と葉

【成分】

アルカロイドのプロトピン（protopine）、ビククリン（bicuculline）など

【病態・症状】

誤って触れた場合　皮膚炎

誤って食べた場合　流涎／嘔吐／泡を吐く／下痢／呼吸困難／ふらつき／震え／けいれん／元気消失／麻痺

【最初の対応】

皮膚に触れたら 10 分程度水で洗い、赤みや発疹が現れた場合は動物病院を受診してください。食べた場合、量によっては命にかかわります。緊急治療が必要になる可能性があるので、様子を見ずに、ただちに動物病院を受診しましょう。

ケシ科

タケニグサ

【学名】*Macleaya cordata*　【英名】five-seeded plume-poppy

ペットへの有毒性

市街地

草原

花（6～8月）

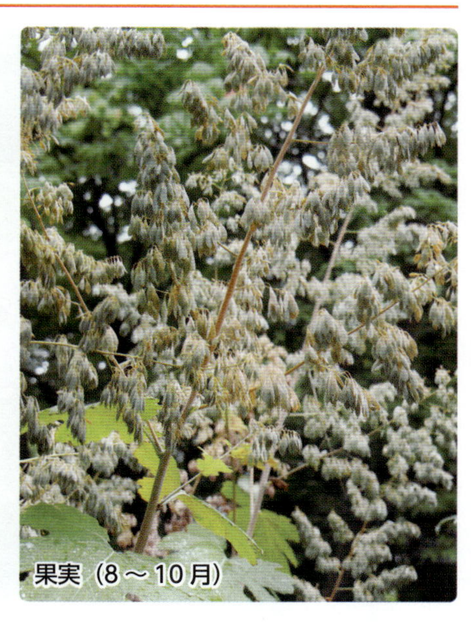

果実（8～10月）

【特徴】

日当たりがよい草原や都市部の空地、道路わき、伐採地、荒れ地などに生えます。草丈は1～2mになります。中空の茎を折ると、黄色い汁液を出します。葉は長さ10～40cmで、縁は羽状に裂けています。葉の裏面は白色です。花には花弁がなく、白い萼（がく）は開花後に落ちます。果実は長さ2cmほど。

【有毒部位】

全草

【成分】

アルカロイドのプロトピン（protopine）、サンギナリン（sanguinarine）など

【病態・症状】

誤って触れた場合

皮膚炎

誤って食べた場合

嘔吐／呼吸困難／呼吸麻痺／低血圧／瞳孔収縮／意識低下／ふらつき

黄色の汁液

【最初の対応】

皮膚に触れたら10分程度水で洗い、赤みや発疹が現れた場合は動物病院を受診してください。食べた場合、量によっては命にかかわります。緊急治療が必要になる可能性があるので、様子を見ずに、ただちに動物病院を受診しましょう。

メギ科

イカリソウ

【学名】*Epimedium grandiflorum*　【英名】large flowered barrenwort, bishop's hat

ペットへの有毒性

【特徴】

低い山地の雑木林に生えています。山野草として人気の園芸植物です。茎の先が３本の葉柄に分かれ、それぞれに３枚の小葉が付きます。花は淡紫～白色で、４枚の花弁にはそれぞれ長い距(きょ)があり、錨(いかり)のように見えることが和名の由来です。

【有毒部位】

全草

【成分】

イカリイン（icariin）、エピメジン（epimedin）、マグノフロリン（magnoflorine）など

【病態・症状】

誤って食べた場合

神経過敏／けいれん

【最初の対応】

摂取量によっては命にかかわります。緊急治療が必要になる可能性があるので、様子を見ずに、ただちに動物病院を受診しましょう。

キンポウゲ科

フクジュソウ（ガンジツソウ）

【学名】*Adonis ramosa*

ペットへの有毒性

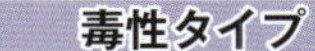

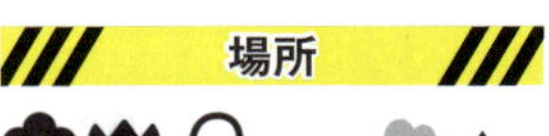

花壇　市街地　山間部

花（2～3月）

茎葉伸長時

【特徴】

草丈15～30cm。ひとつの茎に1個～多数の花を付けます。葉は3～4回羽状に裂け、ふつうは無毛です。生育初めには茎が伸びず、苞に包まれた短い茎の上に花だけが付きますが、やがて茎や葉が伸びて、茎頂に花を付けます。花はふつう黄色です。

【有毒部位】

全草。特に根茎や根

【成分】

強心配糖体のシマリン（cymarin）、アドニトキシン（adonitoxin）など

【病態・症状】

誤って食べた場合

口腔の炎症／胃炎／吐き気／嘔吐／下痢／呼吸困難／高血圧／心臓麻痺／不整脈／昏睡

死亡する可能性もあります。

【最初の対応】

摂取量によっては命にかかわります。緊急治療が必要になる可能性があるので、様子を見ずに、ただちに動物病院を受診しましょう。

キンポウゲ科

トリカブトの仲間

【学名】*Aconitum*　【和名】トリカブト属　【英名】aconite, monkshood

ペットへの有毒性

屋内　花壇　山間部

ヤマトリカブト（8～10月）

【特徴と主な種類】

本属植物をトリカブトと総称し、ドクウツギ（P246）やドクゼリ（P228）とともに日本三大有毒植物のひとつとされています。ハナトリカブトやヨウシュトリカブトは、園芸植物として庭に植えられたり、切り花に利用されたりされます。花は、色付いた花弁状に大きくなった萼片が目立っています。

◆ **ハナトリカブト**

別名はカラトリカブト。高さ1mほどになります。花は濃い青紫色。花が比較的大きく、切り花としてよく栽培されています。

ヤマトリカブトの葉

ハナトリカブト（6～8月）

ヨウシュトリカブト（6～8月）

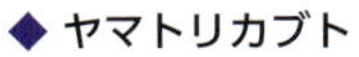
◆ ヤマトリカブト

変異に富み、高さ60～200cmになります。花は青紫～青、まれに黄白で、長さ3～5cm。日本原産の本属植物では最もよく知られた種です。

◆ ヨウシュトリカブト

別名はセイヨウトリカブト。高さ1mほどになります。花は菫色。切り花として利用されます。

【有毒部位】

全草。特に地下部

【成分】

アルカロイドのアコニチン（aconitine）、メサコニチン（mesaconitine）、ヒパコニチン（hypaconitine）など

【病態・症状】

誤って食べた場合

口唇の激しい痛み／重度の流涎／吐き気／頻回の嘔吐／下痢／腹部膨満／呼吸数の増加／重度の不整脈／呼吸困難／筋力低下／低血圧／瞳孔縮小または散大／眼への刺激／不整脈／不安な様子／ふらつき／けいれん／麻痺／昏睡

死亡する可能性もあります。

【最初の対応】

摂取量によっては命にかかわります。緊急治療が必要になる可能性があるので、様子を見ずに、ただちに動物病院を受診しましょう。

キンポウゲ科

アネモネ

【学名】*Anemone coronaria*　【和名】ボタンイチゲ　【英名】poppy anemone

ペットへの有毒性

毒性タイプ

場所

花（3～4月）

【特徴】

地下に塊茎を持つ球根植物で、園芸上は秋植え球根として扱われます。花茎は直立し、長さ30～40cmほどで、先端に1個の花を付けます。花は径7～10cmほどで、花色は赤、紫紅、紫、白などあります。一重咲き、半八重咲き、八重咲きの園芸品種が知られます。

【有毒部位】

全草。特に葉や茎

【成分】

配糖体のラヌンクリン（ranunculin）が細胞組織の破壊とともに酵素分解により、二次的に有毒のプロトアネモニン（protoanemonin）を生成します。

【病態・症状】

誤って触れた場合　皮膚炎（水疱など）
誤って食べた場合　口腔の痛み／吐血／下痢／けいれん／ショック／流産
死亡する可能性もあります。

【最初の対応】

皮膚に触れたら10分程度水で洗い、赤みや発疹が現れた場合は動物病院を受診してください。食べた場合、量によっては命にかかわります。緊急治療が必要になる可能性があるので、様子を見ずに、ただちに動物病院を受診しましょう。

キンポウゲ科

シュウメイギク（キブネギク）

【学名】*Anemone hupehensis* var. *japonica*　【英名】Japanese anemone

ペットへの有毒性

屋内　花壇　市街地

花（9～11月）

【特徴】

草丈は1mほどになります。花弁状の萼片は卵形で、5～8枚です。日本に野生化しているものは淡桃色の八重咲きタイプのもので、京都の貴船付近に多いことから、別名はキブネギクといいます。多種との交雑により白花品種が知られます。

【有毒部位】【成分】【病態・症状】【最初の対応】

アネモネ（P172）と同様です。

白花品種

キンポウゲ科

オダマキの仲間

【学名】*Aquilegia*　【和名】オダマキ属　【英名】granny's bonnet, columbine

ペットへの有毒性

毒性タイプ

屋内　花壇　市街地　山間部

セイヨウオダマキ（4～6月）

ミヤマオダマキ（4～5月）

【特徴と主な種類】

◆ **ミヤマオダマキ**

高さ10～25cm。花は青紫色で、下向きに咲き、花弁の基部には距があります。

◆ **セイヨウオダマキ**

高さ40～60cmほど。花は下向きに咲き、花色は紫、赤、桃、青などと多様です。

【有毒部位】

全草。特に種子と根

【成分】

心原性毒素（cardiogenic toxins）、配糖体のラヌンクリン（ranunculin）が細胞組織を破壊するとともに、酵素分解により二次的に有毒のプロトアネモニン（protoanemonin）を生成します。

【病態・症状】

誤って触れた場合　皮膚炎

誤って食べた場合　消化不良／胃腸炎／動悸

【最初の対応】

皮膚に触れたら10分程度水で洗い、赤みや発疹が現れた場合は動物病院を受診してください。食べた場合、量が少なければ中毒になる可能性は高くありませんが、万が一を考えてすみやかに動物病院を受診しましょう。

キンポウゲ科

デルフィニウムの仲間

【学名】*Delphinium*　【和名】ヒエンソウ属

ペットへの有毒性

毒性タイプ

屋内　花壇　市街地

ラークスパー（5～7月）

エラーツム系デルフィニウム（5～6月）

【特徴と主な種類】

◆ **ラークスパー**　高さ 30 ～ 90cm。花は径 3 ～ 4cm で、花が飛翔する燕に似ることから、ヒエンソウの名があります。

◆ **ベラドンナ系デルフィニウム**　花茎が比較的細く、ややまばらに花を付けます。

◆ **エラーツム系デルフィニウム**　長い花穂が特徴的で、花の径も 5 ～ 8cm と大きく、八重咲きです。

【有毒部位】

全草。特に種子と若苗

【成分】

アルカロイドのデルフィニン（delphinine）、アヤシン（ajacine）など

【病態・症状】

誤って触れた場合　皮膚炎

誤って食べた場合　口唇・口腔・咽喉頭の激しい痛み／消化不良／咽頭麻痺／重度の流涎／吐き気／頻回の嘔吐／便秘または下痢／腹部膨満／呼吸麻痺／筋力低下／衰弱／ふらつき／けいれん／頻脈／不整脈／神経過敏／強直／麻痺／脱力／沈うつ／食欲不振

死亡する可能性もあります。

【最初の対応】

皮膚に触れたら 10 分程度水で洗い、赤みや発疹が現れた場合は動物病院を受診してください。食べた場合、量によっては命にかかわります。緊急治療が必要になる可能性があるので、様子を見ずに、ただちに動物病院を受診しましょう。

キンポウゲ科

ラナンキュラス

【学名】*Ranunculus asiaticus*　【和名】ハナキンポウゲ　【英名】garden ranunculus, persian buttercup

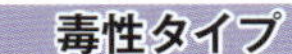
ペットへの有毒性

毒性タイプ

場所

屋内

花壇

【特徴】

地下に球根を持つ球根植物。高さ30～60cmほどで、葉は2～3回三出複葉。4～5月に中空の花茎を伸ばし、先に数個の花を付けます。多数の栽培品種が知られ、花径は8～10cmになります。八重咲きで、花色は黄、赤、橙、ピンク、白などと豊富です。切り花は鉢花に利用したり、花壇に植えたりします。

【有毒部位】

全草。特に地上部

【成分】

配糖体のラヌンクリン（ranunculin）が細胞組織の破壊とともに酵素分解により、二次的に有毒のプロトアネモニン（protoanemonin）を生成します。

【病態・症状】

誤って触れた場合　皮膚炎（水疱など）
誤って食べた場合　口腔の痛み／吐血／下痢／けいれん／ショック／流産
死亡する可能性もあります。

【最初の対応】

皮膚に触れたら10分程度水で洗い、赤みや発疹が現れた場合は動物病院を受診してください。食べた場合、量によっては命にかかわります。緊急治療が必要になる可能性があるので、様子を見ずに、ただちに動物病院を受診しましょう。

キンポウゲ科

キンポウゲの仲間

【学名】*Ranunculus*　【和名】キンポウゲ属　【英名】buttercup, spearwort

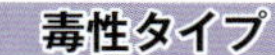

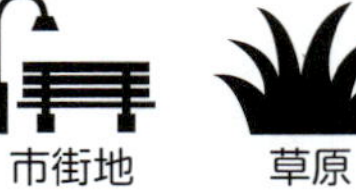

【特徴と主な種類】

◆ **ウマノアシガタ**

高さ 30 ～ 60cm。茎と葉裏面に白い毛が生えています。花は径 1 ～ 2cm ほどで、黄色。キンポウゲは本種の八重咲きを示します。

◆ **ケキツネノボタン**

高さ 30 ～ 60cm ほど。花の径は 1 ～ 1.5cm で、光沢があります。果実は角状の突起があります。

【有毒部位】

全草。特に地上部

【成分】

配糖体のラヌンクリン（ranunculin）が細胞組織の破壊とともに酵素分解により、二次的に有毒のプロトアネモニン（protoanemonin）を生成します。

【病態・症状】

誤って触れた場合　皮膚炎（水疱など）

誤って食べた場合　口腔の痛み／吐血／下痢／けいれん／ショック／流産

死亡する可能性もあります。

【最初の対応】

皮膚に触れたら 10 分程度水で洗い、赤みや発疹が現れた場合は動物病院を受診してください。食べた場合、量によっては命にかかわります。緊急治療が必要になる可能性があるので、様子を見ずに、ただちに動物病院を受診しましょう。

キンポウゲ科

クリスマスローズの仲間

【学名】*Helleborus*　【和名】クリスマスローズ属　【英名】hellebores

ペットへの有毒性

毒性タイプ

場所

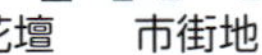

レンテンローズ（2～3月）

【特徴と主な種類】

高さ50cmほどの多年草。葉は5～11裂します。多くは冬～早春にかけて開花します。たいへん人気のある園芸植物で、花壇に植えられたり、切り花で楽しまれたりしています。

◆ コダチクリスマスローズ

別名はキダチフユボタン。草丈は45cmほど。花は鐘状で、下向きに咲き、淡緑色です。

◆ クリスマスローズ

草丈30cmほど。葉は地際から生じ、革質で暗緑色。白色の花は12～2月に咲き、花柄の先に2～3個付けます。開花期がクリスマスの時期で、単弁のバラに似ていることが名前の由来となっています。しばしば後述のレンテンローズと混同されますが、開花期が異なることや、草丈が低いこと、花の基部に付く苞葉が小さいことなどから区別できます。八重咲き品種も知られます。

◆ レンテンローズ

高さ50cmほど。葉は地際から生じ、葉柄は長く45～60cmになります。花柄は葉柄より短く、先に3～4花を付けます。2～4月ごろに咲き、この時期が復活祭の前の40日間にあたる四旬節（レント）に一致することから、レンテンローズの名で呼ばれます。日本においてクリスマスローズの名で流通しているのは、本種や本種を交雑親とした栽培品種群のことです。

コダチクリスマスローズ（1～3月）

クリスマスローズ（11～1月）

レンテンローズの八重咲き品種（2～3月）

【有毒部位】

全草。特に根と根茎

【成分】

強心配糖体のヘレボリン（hellebrin）、ヘレボレイン（helleborein）

【病態・症状】

誤って触れた場合

皮膚炎／眼への刺激

誤って食べた場合

口唇・口腔・咽喉頭の激しい痛み／流涎／吐き気／嘔吐／腹痛／下痢（時に血便）／ふらつき／けいれん／低血圧／不整脈／意識混濁／沈うつ／心臓麻痺／錯乱

死亡する可能性もあります。

【最初の対応】

皮膚に触れたら10分程度水で洗い、赤みや発疹が現れた場合は動物病院を受診してください。食べた場合、量によっては命にかかわります。緊急治療が必要になる可能性があるので、様子を見ずに、ただちに動物病院を受診しましょう。

ボタン科

シャクヤク

【学名】*Paeonia lactiflora*　【英名】Chinese peony, common garden peony

ペットへの有毒性

毒性タイプ

【特徴】

高さ40～80cmになる多年草です。花は径6～10cmで、白または桃色から赤色。日本には薬草として、平安時代までに渡来しました。多くの栽培品種が育成され、花壇などに植えられたり、切り花として利用されたりします。花はボタン(P235）によく似ていますが、ボタンが低木であるのに対して、シャクヤクは草本です。

【有毒部位】

根

【成分】

配糖体のペオニフロリン（paeoniflorin）、アルカロイドのペオニン（peonin）など

【病態・症状】

誤って食べた場合

胃炎／吐き気／嘔吐／下痢／多尿／心不全／低血圧／ふらつき／起立困難／震え／けいれん／虚脱／沈うつ

死亡する可能性もあります。

【最初の対応】

摂取量によっては命にかかわります。緊急治療が必要になる可能性があるので、様子を見ずに、ただちに動物病院を受診しましょう。

マメ科

ムラサキセンダイハギ

【学名】*Baptisia australis*　【英名】blue wild indigo, blue false indigo

ペットへの有毒性

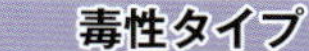

花（5～6月）

【特徴】

高さ1～1.5mになります。紫～藍青色の花はまばらな総状花序に付きます。果実は熟すと黒みを帯びます。黄色の花を咲かせるセンダイハギとは別種ですが、市場などではセンダイハギの名で流通することがあります。

【有毒部位】

全草

【成分】

アルカロイドのシチシン (cytisine) など

【病態・症状】

誤って食べた場合

流涎／吐き気／嘔吐／腹痛／下痢／呼吸困難／震え／食欲不振／呼吸不全／呼吸停止

裂開した果実（7月）

【最初の対応】

摂取量によっては命にかかわります。緊急治療が必要になる可能性があるので、様子を見ずに、ただちに動物病院を受診しましょう。

マメ科

ルピナスの仲間

【学名】*Lupinus*　【和名】ハウチワマメ属　【英名】lupin, lupine

ペットへの有毒性

【特徴と主な種類】

花壇や切り花に利用されます。

◆ **キバナルピナス**

別名はノボリフジ。高さ 40 ～ 80cm になります。花は鮮黄色。早春の切り花に利用されます。

◆ **ラッセルルピナス**

高さ 45 ～ 100cm になる多年草で、園芸上は一年草として扱います。豪華な花序となり、花色も豊富です。

◆ **テキサスルピナス**

高さ 40cm ほどになります。花は青色。

【有毒部位】

全草。特にさや、種子

【成分】

キノリジジン系アルカロイドのルピニン（lupinine）、ルパニン（lupanine）、スパルテイン（sparteine）

【病態・症状】

誤って食べた場合

重度の流涎／呼吸不全／泡を吐く／嘔吐／下痢／呼吸困難／興奮／震え／昏睡

【最初の対応】

摂取量によっては命にかかわります。緊急治療が必要になる可能性があるので、様子を見ずに、ただちに動物病院を受診しましょう。

クローバーの仲間

【学名】*Trifolium*　【和名】シャジクソウ属　【英名】clover, trefoil

【特徴と主な種類】

◆ **クローバー**　和名はシロツメクサ。日当たりのよい野原や道端、芝生の中などに見られます。イヌが食べるという報告があり、これはムラサキツメクサも同様です。

◆ **クリムゾンクローバー**　高さ 20 ～ 60cm。濃い紅色の花をトーチ状に付け、ストロベリーキャンドルと呼ばれています。

【有毒部位】

全草

【成分】

詳細は不明ですが、近年、クローバーに青酸配糖体のリナマリン（linamarin）、ロタウストラリン（lotaustralin）が含まれるという報告があります。

【病態・症状】

以下は主にウマ、ウシの症例ですが、イヌやネコも念のために気をつけておきましょう。

誤って触れた場合　光接触皮膚炎

誤って食べた場合　胃腸炎／下痢／一時的もしくは永久的な不妊・乳汁分泌停止（クローバーのみ）

【最初の対応】

皮膚に触れたら 10 分程度水で洗い、赤みや発疹が現れた場合は動物病院を受診してください。食べた場合、量が少なければ中毒になる可能性は高くありませんが、万が一を考えてすみやかに動物病院を受診しましょう。

シュウカイドウ科

ベゴニアの仲間

【学名】*Begonia*　【和名】シュウカイドウ属

ペットへの有毒性

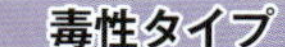

場所

屋内　花壇　市街地

四季咲きベゴニア（4～12月）

シュウカイドウ（7～10月）

【特徴と主な種類】

多肉質の多年草または低木。葉は左右非対称の独特な形態をしています。多くの種類があり、いずれも有毒であると考えたほうが良いと思われます。花壇や庭に植えられたり、室内で鉢花として利用されたりしています。

◆ シュウカイドウ

地下部に球根があります。高さ 40 ～ 60cm になります。花は淡紅色。

◆ エラチオール・ベゴニア

別名はリーガース・ベゴニア。花径が 5 ～ 10cm と大きく、一重～半八重、八重咲きで、花色も多様です。

◆ ベゴニア・マクラタ

茎は湾曲気味に伸びて高さ 30cm ほどになります。葉は長卵形で先は尖り、若葉には白色斑点が入り美しいため、葉が観賞対象とされています。花は白色～淡桃色。

エラチオール・ベゴニア（真夏以外）

ベゴニア・マクラタ（4～8月）

レックス・ベゴニア

球根ベゴニア（真夏、真冬以外）

◆ レックス・ベゴニア
交雑により作出された栽培品種群で、多様で美しい葉をもち、葉を観賞対象としています。

◆ 四季咲きベゴニア
本属中、最もよく知られる栽培品種群で、花壇や鉢植えに多用されます。高さ15～30cmで、花は小さく、多数付きます。花色は赤、ピンク、白で、八重咲きも知られます。

◆ 球根ベゴニア
交雑による栽培品種群で、大きなものでは径20cm以上の大きな花を咲かせます。

【有毒部位】

地下部、葉

【成分】

シュウ酸塩結晶（calcium oxalate crystals）

【病態・症状】

誤って食べた場合
口唇・口腔・舌・胃の激しい痛みと炎症／咽喉頭の腫脹／重度の流涎／嘔吐／まれに下痢／嚥下困難／血液凝固障害／神経症状

【最初の対応】

中毒量を摂取した場合は、中毒症状が発現する可能性があります。すぐに動物病院を受診しましょう。

イラクサ科

イラクサ

【学名】*Urtica thunbergiana*　【英名】Japanese nettle, hairy nettle

ペットへの有毒性

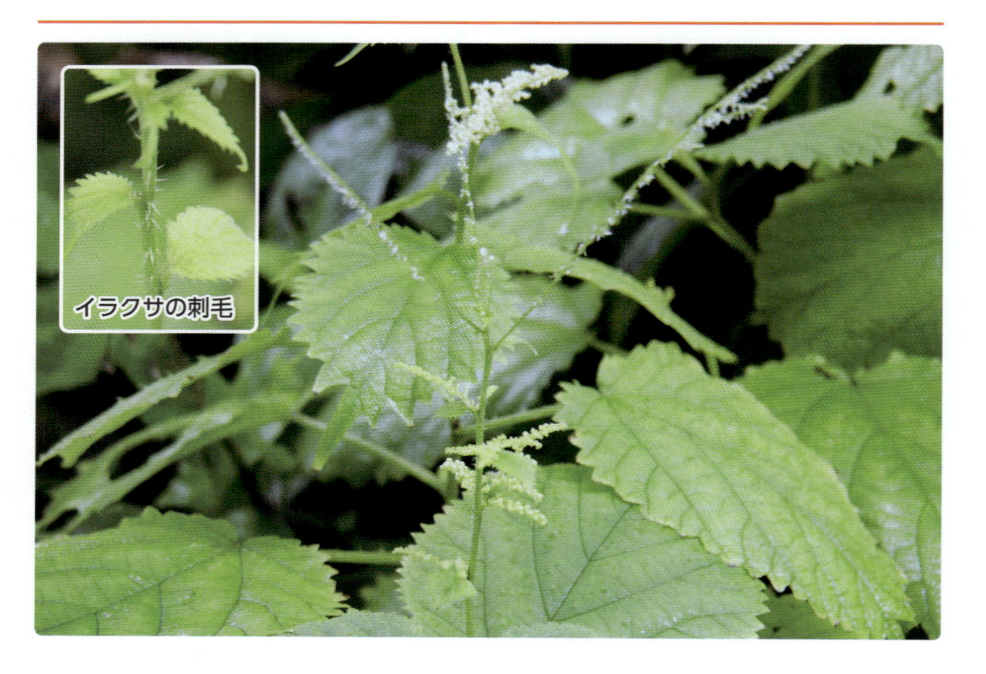

【特徴】

高さ 30 ～ 50cm になります。茎の断面は四角形です。葉や茎などの表面に、刺毛と呼ばれる細かな硬い毛が生えています。刺毛の中に、後述する刺激性物質を含んでいます。触れると先端が折れて刺さり、棘の基部に貯えられている刺激性物質が皮膚に注入されます。

【有毒部位】

刺毛

【成分】

ヒスタミン（histamine)、アセチルコリン（acetylcholine）など

【病態・症状】

誤って触れた場合

皮膚炎／眼への刺激

誤って食べた場合

口腔の痛み／重度の流涎／嘔吐／振戦／筋力低下／呼吸困難

【最初の対応】

皮膚に触れたら 10 分程度水で洗い、赤みや発疹が現れた場合は動物病院を受診してください。食べた場合、量によっては命にかかわります。緊急治療が必要になる可能性があるので、様子を見ずに、ただちに動物病院を受診しましょう。

カタバミ科

カタバミの仲間

【学名】*Oxalis*　【和名】カタバミ属　【英名】oxalis, sorrel

ペットへの有毒性

場所

ハナカタバミ（9～11月）

オキザリス・トライアングラリス（6～10月）

シボリカタバミ（12～3月）

【特徴と主な種類】

地下に球根を持っています。野草として一般的なカタバミや、帰化植物のムラサキカタバミなどのほか、以下の種類が園芸用として鉢や花壇などに植えられています。暖地では野生化していることもあります。

◆ **ハナカタバミ**

花は濃いピンク色で、径3～5cm。

◆ **オキザリス・トライアングラリス**

葉色が紫色である特徴があり、小葉が三角形をしています。

◆ **シボリカタバミ**

花色は白色地で、縁が紅色をしている特徴があります。

【有毒部位】

全草

【成分】

可溶性シュウ酸塩（soluble oxalates）

【病態・症状】

誤って食べた場合

腹痛／ふらつき／震え

【最初の対応】

摂取量が少なければ中毒になる可能性は高くありませんが、万が一を考えて、すみやかに動物病院を受診しましょう。

オトギリソウ科

セイヨウオトギリソウ（セイヨウオトギリ）

【学名】*Hypericum perforatum*　【英名】St. John's wort

ペットへの有毒性

場所

花壇

市街地

花（6～8月）

【特徴】

高さ30～60cmになる多年草で、茎には2個の稜があります。葉には葉柄がなく、長さ1.5～3cmほどで、腺点が斑点状に入ります。黄色の花は、径1.5～3cmです。セント・ジョーンズ・ワートの名でよく知られるハーブで、軽症から中程度の鎮静などに利用されます。

【有毒部位】

全草

【成分】

暗赤色のアントラキノン系天然色素であるヒペリシン（hypericin）

【病態・症状】

誤って触れた場合　眼瞼と結膜の充血・炎症／失明／光接触皮膚炎

誤って食べた場合　泡を吐く／呼吸困難／頻脈／重度の食欲不振／飢餓

死亡する可能性もあります。

【最初の対応】

皮膚に触れたら10分程度水で洗い、赤みや発疹が現れた場合は動物病院を受診してください。食べた場合、量によっては命にかかわります。緊急治療が必要になる可能性があるので、様子を見ずに、ただちに動物病院を受診しましょう。

トウダイグサ科

トウダイグサの仲間

【学名】*Euphorbia*　【和名】トウダイグサ属　【英名】spurge

ペットへの有毒性

毒性タイプ

場所

花壇　市街地　草原　山間部

ユーフォルビア・マルティニ（4～7月）

ショウジョウソウ（8～10月）

ユキハナソウ（4～11月）

【特徴と主な種類】

本属は多肉植物として扱われる種類（P93）やポインセチア（P249）など多様です。ノウルシ、トウダイグサ、タカトウダイ、ホルトソウなどは野草として一般的です。以下の種類が、園芸植物として栽培されています。

◆ ショウジョウソウ

高さ50cmほど。晩夏から秋にかけて、枝先の葉が朱紅色に色付きます。近縁のハツユキソウは、頂部の葉に白い覆輪が入ります。

◆ ユキハナソウ

草丈30cmほど。白い小さな苞が目立ちます。

◆ ユーフォルビア・マルティニ

高さ60cmほど。葉に白斑が入ったり、紫色や黄色を帯びたりする栽培品種があります。

【有毒部位】【成分】【病態・症状】【最初の対応】

ユーフォルビアの仲間（P93）と同様です。

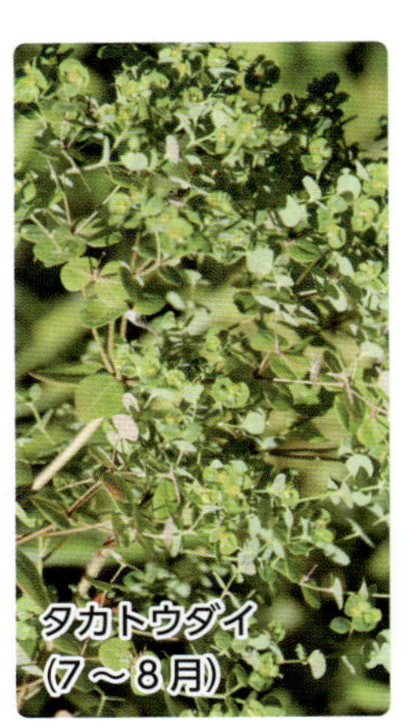

タカトウダイ（7～8月）

トウダイグサ科

トウゴマ（ヒマ）

【学名】*Ricinus communis*　【英名】castor bean, castor-oil plant, palma christi

ペットへの有毒性

毒性タイプ

高

場所

花壇　市街地　草原　山間部

果実（7～10月）

種子

【特徴】

高さ 2～3m ほどになります。葉身は掌状に 5～11 裂し、径 90cm ほどになります。花はクリーム色で、萼は 3～5 裂し、花弁はありません。果実内に 3 個含まれる種子の表面には美しい斑紋があります。種子には 30～50%の油分を含み、しぼって精製したものがヒマシ油となります。

【有毒部位】

全株。特に種子をしぼった圧搾残渣。種子はかみ砕くと有毒となります。

【成分】

糖タンパク質のリシン（ricin）、種子にはアルカロイドのリシニン（ricinine）

【病態・症状】

誤って触れた場合　皮膚炎／視覚障害

誤って食べた場合　口と咽喉頭の激しい痛みと炎症／重度の流涎／胃腸炎／吐き気／嘔吐（時に吐血）／腹痛／血便または水様性の下痢／脱水／呼吸困難／低血圧／腎臓病／衰弱／震え／けいれん／元気消失／沈うつ／抑うつ／昏睡

死亡する可能性もあります。

【最初の対応】

皮膚に触れたら 10 分程度水で洗い、赤みや発疹が現れた場合は動物病院を受診してください。食べた場合、量によっては命にかかわります。緊急治療が必要になる可能性があるので、様子を見ずに、ただちに動物病院を受診しましょう。

ミカン科

ヘンルーダ

【学名】*Ruta graveolens*　【英名】rue, common rue, herb-of-grace

ペットへの有毒性

毒性タイプ

花壇

市街地

花（5～7月）
果実（6～8月）

【特徴】

高さ 60 ～ 90cm になります。葉は羽状複葉または羽状に深裂し、強い香りを放ちます。黄色の花は径 1.5 ～ 2cm で、果実は径 1cm ほどです。ハーブとして利用します。

【有毒部位】

汁液、葉

【成分】

汁液：光毒性物質のフロクマリン類（furocoumarins）。葉：柑橘フラボノイド配糖体のルチン（rutin）

【病態・症状】

誤って触れた場合　光接触皮膚炎
誤って食べた場合　吐き気／嘔吐

【最初の対応】

皮膚に触れたら 10 分程度水で洗い、赤みや発疹が現れた場合は動物病院を受診してください。食べた場合、量が少なければ中毒になる可能性は高くありませんが、万が一を考えてすみやかに動物病院を受診しましょう。

フウロソウ科

ゼラニウムの仲間

【学名】*Pelargonium*　【和名】テンジクアオイ属　【英名】geranium, pelargonium, storksbill

ペットへの有毒性

毒性タイプ

ゼラニウム（3～11月）

ペラルゴニウム（4～7月）

アイビーゼラニウム（4～11月）

【特徴と主な種類】

鉢物や花壇に利用されています。

◆ ゼラニウム

本属中、最もよく知られる栽培品種群で、花壇に植えられたり、鉢物で利用されたりしています。

◆ ペラルゴニウム

花弁に暗紫赤色などの濃い斑紋が入るものが多く見られます。主に室内の鉢物で利用されますが、無霜地帯では庭などでも栽培されます。

◆ アイビーゼラニウム

葉は多肉質で光沢があります。茎はつる状にやや長く伸びるため、ハンギングバスケットなどに利用されます。

【有毒部位】

全草

【成分】

明らかではありません。

【病態・症状】

誤って触れた場合

皮膚炎

誤って食べた場合

嘔吐／食欲不振／抑うつ

【最初の対応】

皮膚に触れたら10分程度水で洗い、赤みや発疹が現れた場合は動物病院を受診してください。食べた場合、量が少なければ中毒になる可能性は高くありませんが、万が一を考えてすみやかに動物病院を受診しましょう。

ナデシコ科

アグロステンマ（ムギナデシコ）

【学名】*Agrostemma githago*　【和名】ムギセンノウ　【英名】common corn-cockle

ペットへの有毒性

屋内

花壇

市街地

花（4～6月）

果実（6～7月）

【特徴】

草丈60～90cm。麦畑の雑草として知られています。つぼみは長い萼で包まれています。果実には黒色の種子を多数含みます。一般には、花が大型で径5～8cmになる栽培品種が栽培されます。こぼれ種がよく発芽します。

【有毒部位】

種子、葉

【成分】

サポニン（saponin）

【病態・症状】

誤って食べた場合

口腔や胃腸の痛みや炎症／吐き気／嘔吐／下痢

【最初の対応】

摂取量が少なければ中毒になる可能性は高くありませんが、万が一を考えて、すみやかに動物病院を受診しましょう。

ナデシコ科

カーネーション・ナデシコの仲間

【学名】*Dianthus*　【和名】ナデシコ属

ペットへの有毒性

屋内　花壇　市街地

カーネーション（周年）

カワラナデシコ（6～9月）

【特徴と主な種類】

屋内および屋外ともに極めて一般的な園芸植物です。

◆ カーネーション

キク、バラともに「三大切り花」として周年流通しています。また、「母の日」に向けて切り花だけでなく、鉢花としても販売されています。

◆ ビジョナデシコ

別名はアメリカナデシコ、ヒゲナデシコ。高さ 20 ～ 90cm になります。花は茎頂に多数付き、径 2 ～ 3cm。花色は緋赤、紫紅、ピンク、白、白に蛇の目斑など多様です。切り花のほか、花壇にも植えられます。

◆ カワラナデシコ

別名はナデシコ、ヤマトナデシコ。高さ 30 ～ 80cm になります。花は径 3 ～ 4cm で、淡紅紫色、花弁は深裂します。

◆ タツタナデシコ

高さ 20 ～ 40cm。葉や茎は白粉を帯びて、青緑色～灰緑色に見えます。茎頂に 1 ～ 5 個の花を付けます。花には芳香があり、径 3 ～ 5cm で、花弁の周縁は細かく裂けています。花色は濃ピンク～白で、ふつう中心に濃い色の蛇の目模様が入ります。

ビジョナデシコ（5～6月）

タツタナデシコ（4～7月）

テルスター系ダイアンサス（4～11月）

ダイアンサス'初恋'（4～11月）

◆ **ダイアンサス**

交雑により育成された栽培品種群はダイアンサスと総称され、花壇用や切り花用の栽培品種が多数育成されています。四季咲きのテルスター系は花壇によく植えられています。'初恋'の花色は咲き始めの白から、次第にピンクに咲き変わります。

【有毒部位】

葉と考えられています。

【成分】

トリテルペノイドサポニン（triterpenoid saponins）と考えられています。

【病態・症状】

誤って触れた場合

皮膚炎

誤って食べた場合

胃腸炎

【最初の対応】

皮膚に触れたら10分程度水で洗い、赤みや発疹が現れた場合は動物病院を受診してください。食べた場合、量が少なければ中毒になる可能性は高くありませんが、万が一を考えてすみやかに動物病院を受診しましょう。

ナデシコ科

シュッコンカスミソウ

【学名】*Gypsophila paniculata*　【英名】baby's breath, common gypsophila

ペットへの有毒性

毒性タイプ

場所

屋内

花（ほぼ周年）

【特徴】

小さな花が多数付いて、霞がかかっているように見えます。開花調節技術が確立されており、周年出荷されています。切り花で利用され、花束やフラワーアレンジメントなどの添え花として人気があります。ネコはシュッコンカスミソウのほか、カーネーションやナデシコの仲間（P194）を好んでよく食べると言われています。

【有毒部位】

全草

【成分】

サポニンのギポセニン（gyposenin）

【病態・症状】

誤って触れた場合

皮膚炎／眼への刺激

誤って食べた場合

嘔吐／下痢／アレルギー症状（鼻炎、副鼻腔炎および気管支炎）／元気消失／沈うつ／食欲不振

【最初の対応】

皮膚に触れたら10分程度水で洗い、赤みや発疹が現れた場合は動物病院を受診してください。食べた場合、量が少なければ中毒になる可能性は高くありませんが、万が一を考えてすみやかに動物病院を受診しましょう。

アカザ科

アカザ（シロザ）

【学名】*Chenopodium album*　【英名】lamb's quarters, goosefoot, wild spinach and fat-hen

ペットへの有毒性

毒性タイプ

場所

菜園

市街地

若葉（5～7月）

【特徴】

畑の縁や空地などに多い雑草です。大きくなると高さ 1.5m にも達します。葉はひし形～長三角状卵形です。茎頂の若葉は紅紫色ですが、この若葉が白いものをシロザと呼んでいます。葉にはシュウ酸（oxalic acid）を含むため生食には適していませんが、茹でると食べることができます。

【有毒部位】

全草。特に葉

【成分】

シュウ酸塩（oxalates）、硝酸塩（nitrates）、シアン配糖体（cyanogenic glycosides）

【病態・症状】

誤って食べた場合

胃腸炎／嘔吐／下痢／呼吸困難／筋力低下／ふらつき／けいれん／神経症状／昏睡

【最初の対応】

摂取量によっては命にかかわります。緊急治療が必要になる可能性があるので、様子を見ずに、ただちに動物病院を受診しましょう。

ヤマゴボウ科

ヨウシュヤマゴボウ

【学名】*Phytolacca americana*　【英名】pokeweed、inkberry

ペットへの有毒性

毒性タイプ

【特徴】

高さ1.5～2mほどになります。根は長くゴボウ状です。花序は長い花柄があって垂れ下がり、白色～薄紅色の花を付けます。光沢のある果実は直径1cmほどで、垂れ下がる果序に付き、緑色から暗紫色に熟します。

【有毒部位】

全草。特に根と果実内の種子

【成分】

アルカロイドのフィトラッカトキシン（phytolaccatoxin）、サポニンのフィトラッカサポニン（phytolaccasaponins）、アグリコンのフィトラッキゲニン（phytolaccigenin）など

【病態・症状】

誤って食べた場合

流涎／吐き気／嘔吐／下痢（時に血便）／腹痛／貧血／妊娠中の場合、胎子に先天性障害が生じる可能性がある

【最初の対応】

摂取量が少なければ中毒になる可能性は高くありませんが、万が一を考えて、すみやかに動物病院を受診しましょう。

オシロイバナ科

オシロイバナ

【学名】*Mirabilis jalapa*　【英名】four o'clock flower, marvel of Peru

ペットへの有毒性

毒性タイプ

花（6～10月）

果実と白い胚乳

【特徴】

高さ 60 ～ 100cm になり、よく分枝します。花は長さ 3 ～ 5cm で、芳香があります。花色は赤、桃、白、赤紫、黄、絞り、染分けと豊富です。花は午後 4 時過ぎに開花し始め、明け方には閉じます。一見すると種子のような黒色の果実は径 7mm ほどの球形で、中に粉質の胚乳を含みます。和名は、黒色の果実を押しつぶすと、白粉状の胚乳が出てくることに由来しています。

【有毒部位】

肥大した根、果実（種子）

【成分】

アルカロイドのトリゴネリン（trigonelline）

【病態・症状】

誤って触れた場合

皮膚炎／眼への刺激

誤って食べた場合

口腔や胃腸の痛みや炎症／嘔吐／腹痛／下痢

【最初の対応】

皮膚に触れたら 10 分程度水で洗い、赤みや発疹が現れた場合は動物病院を受診してください。食べた場合、量が少なければ中毒になる可能性は高くありませんが、万が一を考えてすみやかに動物病院を受診しましょう。

ツリフネソウ科

ホウセンカの仲間

【学名】*Impatiens*　【和名】ツリフネソウ属　【英名】impatiens, jewelweed, touch-me-not

ペットへの有毒性

毒性タイプ

場所

ツリフネソウ（10～11月）

ホウセンカ（6～9月）

【特徴と主な種類】

以下の種類が有毒とされます。なお、和名ではアフリカホウセンカと呼ばれるインパチェンスは、アメリカ動物虐待防止協会（ASPCA）の情報では無毒とされていますが、注意する方が無難です。

◆ **ホウセンカ**

高さ20～80cmほど。花色は赤や白、ピンク、紫のほか、赤や紫と白の絞り咲きの栽培品種があります。八重咲きも好まれます。

◆ **ツリフネソウ**

高さ40～80cm。花は赤紫色、長さ3～4cmで、釣り下がるように咲きます。よく似たキツリフネは花が黄色です。

【有毒部位】

全草

【成分】

シュウ酸カルシウム（calcium oxalate）とおそらくサポニン配糖体（saponin glycoside）

【病態・症状】

誤って食べた場合　嘔吐／下痢

【最初の対応】

摂取量が少なければ中毒になる可能性は高くありませんが、万が一を考えて、すみやかに動物病院を受診しましょう。

サクラソウ科

シクラメン

【学名】*Cyclamen persicum*　【英名】florist's cyclamen

ペットへの有毒性

毒性タイプ

屋内

花壇

【特徴】

地下に球根があります。19 世紀にはヨーロッパで改良が重ねられ、多くの栽培品種が作成されました。日本では冬の鉢花として定着しています。原種には強い芳香があります。また冬の花壇を彩り、寒さに強いガーデン・シクラメンがよく利用されています。野生種が「原種シクラメン」として流通・栽培されています。

【有毒部位】

全草。特に球根

【成分】

赤血球を破壊する作用があるサポニン配糖体のシクラミン（cyclamin）など

【病態・症状】

誤って触れた場合　皮膚炎
誤って食べた場合　吐き気／嘔吐／胃腸炎／下痢／不整脈／けいれん／麻痺

【最初の対応】

皮膚に触れたら 10 分程度水で洗い、赤みや発疹が現れた場合は動物病院を受診してください。食べた場合、量によっては命にかかわります。緊急治療が必要になる可能性があるので、様子を見ずに、ただちに動物病院を受診しましょう。

サクラソウ科

プリムラの仲間

【学名】*Primula*　【和名】サクラソウ属　【英名】primrose

ペットへの有毒性

毒性タイプ

場所

プリムラ・オブコニカ（1～4月）

プリムラ・ポリアンサ（11～5月）

プリムラ・マラコイデス（1～4月）

【特徴と主な種類】

皮膚炎を引き起こす症例の多くはプリムラ・オブコニカによるものです。花色は橙赤色、桃色、濃青色、白色、赤色に白色覆輪などです。近年、有毒成分であるプリミンをほとんど含まないタッチミー・シリーズが育成されています。プリムラ・ポリアンサ、プリムラ・マラコイデスなどでも皮膚炎を引き起こすとされます。

【有毒部位】

葉、花茎、萼片などの腺毛の先端にある細胞

【成分】

アレルギーを起こしやすい物質のプリミン(primin)

【病態・症状】

誤って触れた場合

アレルギー性皮膚炎

誤って食べた場合

吐き気／嘔吐

【最初の対応】

皮膚に触れたら10分程度水で洗い、赤みや発疹が現れた場合は動物病院を受診してください。食べた場合、量が少なければ中毒になる可能性は高くありませんが、万が一を考えてすみやかに動物病院を受診しましょう。

キョウチクトウ科

トウワタ

【学名】*Asclepias curassavica*　【英名】bloodflower, Mexican butterfly weed, scarlet milkweed, swallow wort

ペットへの有毒性

毒性タイプ

場所

花壇

市街地

花（6〜10月）

冠毛を持つ種子

【特徴】

高さ 1m ほどになります。花色はふつう濃橙赤色で、黄色、白色のものもあります。果実は熟すと裂開します。種子は綿のような冠毛があり、和名の由来となっています。茎葉を傷つけると、ラテックスと呼ばれる乳液を出します。近縁種のヤナギトウワタも同様に有毒です。

【有毒部位】

全草。特に乳液

【成分】

強心配糖体であるアスクレピアジン（asclepiadine）、グリオトキシン（gliotoxin）など

【病態・症状】

誤って触れた場合　アレルギー性皮膚炎／結膜炎

誤って食べた場合　胃腸炎／重度の流涎／嘔吐／下痢／頻脈／不整脈／けいれん／呼吸困難／筋力低下／高体温／ふらつき／震え／脱力／沈うつ　**死亡**する可能性もあります。

【最初の対応】

皮膚に触れたら 10 分程度水で洗い、赤みや発疹が現れた場合は動物病院を受診してください。食べた場合、量によっては命にかかわります。緊急治療が必要になる可能性があるので、様子を見ずに、ただちに動物病院を受診しましょう。

キョウチクトウ科

ニチニチソウ（ビンカ）

【学名】*Catharanthus roseus*　【異名】*Vinca rosea*　【英名】Madagascar periwinkle

ペットへの有毒性

毒性タイプ

場所

花壇

市街地

花（5～11月）

【特徴】

高さ50cmほどになる多年草ですが、日本では越冬できないため、園芸上は一年草として扱っています。花は葉腋に単生します。花は筒状で、径は3cmほどです。
花壇やコンテナなどに広く栽培されています。初夏から晩秋まで次々に花が咲くことから、「日々草」の名があります。

【有毒部位】

全草

【成分】

コルヒチン（colchicine）に似た作用のビンカアルカロイド（vinca alkaloids）と総称される、ビンクリスチン（vincristine）、ビンドリン（vindoline）、ビンブラスチン（vinblastine）など

【病態・症状】

誤って食べた場合

吐き気／頻脈／低血圧／神経症状／けいれん／脱毛

【最初の対応】

摂取量によっては命にかかわります。緊急治療が必要になる可能性があるので、様子を見ずに、ただちに動物病院を受診しましょう。

ムラサキ科

シナワスレグサ（シノグロッサム）

【学名】*Cynoglossum amabile*　【英名】Chinese hound's tongue, Chinese forget-me-not

ペットへの有毒性

毒性タイプ

場所

花壇

市街地

花（5～7月）

【特徴】

草丈 70 ～ 90cm。葉はへら形。春から初夏にかけて、青紫色の小さな花を咲かせます。近縁属のワスレナグサ属（*Myosotis*）によく似た花を咲かせ、同様に花壇などに植えられます。

【有毒部位】

全草

【成分】

ピロリジジンアルカロイド（pyrrolizidine alkaloid）、ヘリオスピン（heliosupine）、エチナチン（echinatine）

【病態・症状】

誤って触れた場合　皮膚炎

誤って食べた場合　羞明／胃腸炎／嘔吐／下痢／興奮／徘徊／ヘッドプレス／ふらつき／神経過敏／けいれん／肝障害／黄疸／沈うつ／食欲不振／昏睡

【最初の対応】

皮膚に触れたら 10 分程度水で洗い、赤みや発疹が現れた場合は動物病院を受診してください。食べた場合、量によっては命にかかわります。緊急治療が必要になる可能性があるので、様子を見ずに、ただちに動物病院を受診しましょう。

ムラサキ科

ヘリオトロープ

【学名】*Heliotropium arborescens*　【和名】キダチルリソウ
【英名】garden heliotrope, just heliotrope

ペットへの有毒性

毒性タイプ

屋内

花壇

花（4～10月）

【特徴】

本来は高さ 1m になる低木ですが、栽培下では高さ 20 ～ 70cm の草本として扱います。花は茎頂に密に付きます。葉の表面には葉脈に沿ってひだが走ります。花色は紫青色で、白色の栽培品種も知られます。花にはバニラのような甘い芳香があります。鉢花や花壇に用いられます。

【有毒部位】

若い植物体、種子

【成分】

ピロリジジンアルカロイド（pyrrolizidine alkaloid）、ラシオカルピン（lasiocarpine）、ヘリオトリン（heliotrine）、ユーロピン（europine）、ヘリオスピン（heliosupine）

【病態・症状】

長期間、多量に摂取した場合に生じます。

誤って食べた場合

羞明／肝障害／黄疸

【最初の対応】

中毒量を摂取した場合は、中毒症状が発現する可能性があります。すぐに動物病院を受診しましょう。

ムラサキ科

コンフリー

【学名】*Symphytum officinale*　【和名】ヒレハリソウ　【英名】common comfrey, true comfrey

ペットへの有毒性

毒性タイプ

場所

花壇　市街地　草原　山間部

花（5～8月）

【特徴】

高さ 50 ～ 90cm。全体に白い短粗毛が生えています。花は淡青色から淡紅色の筒状で、下向きに垂れ下がって咲きます。日本では広く野生化しており、栽培もされます。以前は健康食品としてブームになっていましたが、下記のように有毒成分が含まれることから、食用とするのは厳禁です。

【有毒部位】

葉、根

【成分】

ピロリジジンアルカロイド（pyrrolizidine alkaloid）

【病態・症状】

長期間、多量に摂取した場合に生じます。

誤って食べた場合

羞明／肝障害／黄疸

葉

【最初の対応】

中毒量を摂取した場合は、中毒症状が発現する可能性があります。すぐに動物病院を受診しましょう。

ナス科

トウガラシの仲間

【学名】*Capsicum*　【和名】トウガラシ属　【英名】pepper

ペットへの有毒性

毒性タイプ

花壇

菜園

カプシカム・シネンセ'ハバネロ'（6～11月）

観賞用トウガラシ'ゴシキトウガラシ'（6～12月）

【特徴と主な種類】

◆ **トウガラシ**

食用とするトウガラシやピーマンのほか、観賞用トウガラシが知られます。

◆ **カプシカム・シネンセ**

'ハバネロ'がよく知られ、果実は熟すと橙色のほか、白色、ピンク色になります。辛みの強いことで知られます。

◆ **キダチトウガラシ**

タバスコに加工するタバスコペッパーや、沖縄などで栽培される島唐辛子などが知られます。

【有毒部位】

果実、種子

【成分】

アルカロイドの辛味成分カプサイシン（capsaicin）

【病態・症状】

誤って触れた場合

皮膚炎／眼への刺激

誤って食べた場合

（まれに）嘔吐／下痢

【最初の対応】

皮膚に触れたら10分程度水で洗い、赤みや発疹が現れた場合は動物病院を受診してください。食べた場合、量が少なければ中毒になる可能性は高くありませんが、万が一を考えてすみやかに動物病院を受診しましょう。

ナス科

ホオズキ

【学名】*Alkekengi officinarum*　【異名】*Physalis alkekengi*　【英名】Chinese lantern, Japanese lantern

ペットへの有毒性

毒性タイプ

場所

屋内

花壇

【特徴】

高さ 60 ～ 90cm。萼が開花後に大きな袋状に成長し、球形の果実を包み、7 月下旬～ 8 月には赤く色付きます。中の果実は径 1 ～ 2cm で、赤く熟します。お盆に墓や仏前に供える風習があります。果実の果肉を取りのぞき、口で音を鳴らすなどの遊びにも使われていましたが、よく熟した果実を使用します。

【有毒部位】

未熟な果実、葉および根

【成分】

未熟な果実、葉：ポテトグリコアルカロイド(PGA) と総称されるα型－ソラニン（α -solanine) や、抗コリンアルカロイド（anticholinergic alkaloid）のアトロピン（atropine)

根：血管拡張作用やアレルギーを引き起こす(histamine)

【病態・症状】

誤って触れた場合　皮膚炎

誤って食べた場合　瞳孔散大／嘔吐／腹痛／下痢／胃腸炎／消化器官潰瘍／循環障害／呼吸困難／呼吸抑制／筋力低下／けいれん／低体温／ふらつき／沈うつ／ショック

死亡する可能性もあります。

【最初の対応】

皮膚に触れたら 10 分程度水で洗い、赤みや発疹が現れた場合は動物病院を受診してください。食べた場合、量によっては命にかかわります。緊急治療が必要になる可能性があるので、様子を見ずに、ただちに動物病院を受診しましょう。

ナス科

ダチュラの仲間

【学名】*Datura*　【和名】チョウセンアサガオ属　【英名】devil's trumpet

ペットへの有毒性

毒性タイプ

場所

市街地

ケチョウセンアサガオ（6～11月）

ケチョウセンアサガオの未熟果実（7～11月）

【特徴と主な種類】

ブルグマンシアの仲間（P274）に近縁ですが、漏斗状の花を上向きに咲かせ、果実には刺があります。以下の種類が空き地などに野生化しています。

◆ **ケチョウセンアサガオ**

多年草で、茎や葉に軟毛があります。花は白色で、長さ7cmほどです。荒れ地などに野生化しています。

◆ **チョウセンアサガオ**

別名はマンダラゲ、キチガイナスビ。一年草で、漏斗状の花は長さ15～20cm。花色は白色のほか、紫色、黄色があり、写真のような八重咲きも知られます。

◆ **シロバナヨウシュチョウセンアサガオ**

一年草で、白色の花は長さ10cmほどです。花には香りがあります。

【有毒部位】

全株

チョウセンアサガオの八重咲き（6～11月）

シロバナヨウシュチョウセンアサガオ（6～11月）

【成分】

アルカロイドのヒヨスチアミン（hyoscyamine）、スコポラミン（scopolamine）などの幻覚性トロパンアルカロイド

【病態・症状】

誤って食べた場合

瞳孔散大／頻脈／激しい口渇／吐き気／嘔吐／下痢／便秘／頻尿または乏尿・無尿／体重減少／呼吸困難／視覚障害／興奮／神経症状／神経過敏／けいれん／脱力／沈うつ／昏睡／心停止

死亡する可能性もあります。

【最初の対応】

摂取量によっては命にかかわります。緊急治療が必要になる可能性があるので、様子を見ずに、ただちに動物病院を受診しましょう。

ナス科

ヒヨス

【学名】*Hyoscyamus niger*　【英名】henbane, black henbane

ペットへの有毒性

毒性タイプ

場所

草原

山間部

【特徴】

草丈は 50 ～ 100cm。株全体に粘り気のある腺毛を生じ、特有のにおいがあります。花は漏斗状で灰黄色、中央部は暗紫色となり、網目状の脈を生じます。果実は萼に包まれ，灰褐色の小さな種子が多数生じます。

【有毒部位】

全草

【成分】

トロパンアルカロイドのヒヨスチアミン（hyoscyamine）とヒヨスシン（hyoscine）

【病態・症状】

誤って食べた場合

瞳孔散大／口渇／嘔吐／腹部膨満／腹痛／頻脈／呼吸困難／興奮／けいれん

【最初の対応】

摂取量によっては命にかかわります。緊急治療が必要になる可能性があるので、様子を見ずに、ただちに動物病院を受診しましょう。

ナス科

タバコの仲間

【学名】*Nicotiana*　【和名】タバコ属　【英名】tobacco plant

ペットへの有毒性

花壇

菜園
※タバコ畑

ハナタバコ（6〜9月）
タバコ

【特徴と主な種類】

◆ **ハナタバコ**

別名はシュッコンタバコ。交雑により作出された観賞用の栽培品種群。葉や茎は粘つきます。花は高盆形で、花色は白、淡黄、赤、ピンク、紫赤色など。

◆ **タバコ**

高さ 1 〜 2m になります。タバコの葉は、喫煙用タバコの原料として利用されています。喫煙用の葉タバコの生産地では注意が必要です。

【有毒部位】

全草

【成分】

アルカロイドのニコチン（nicotine）など

【病態・症状】

誤って食べた場合

胃腸炎／流涎／吐き気／嘔吐／心不全／呼吸困難／呼吸不全／不整脈／衰弱／ふらつき／神経過敏／震え／麻痺／妊娠中の場合、胎子に先天性障害が生じる可能性がある

死亡する可能性もあります。

【最初の対応】

摂取量によっては命にかかわります。緊急治療が必要になる可能性があるので、様子を見ずに、ただちに動物病院を受診しましょう。

ナス科

ハシリドコロ（キチガイソウ，キチガイイモ，サワナス）

【学名】*Scopolia japonica*　【英名】Japanese belladonna

ペットへの有毒性

毒性タイプ

場所

花（3～5月）

【特徴】

高さ 30 ～ 60cm。葉腋から 1 個の花を下垂します。花は鐘形で外面暗紅紫です。早春に葉に包まれた新芽を出し、フキノトウと誤認される事故が多発しています。

【有毒部位】

全草。特に根と茎

【成分】

トロパンアルカロイドのアトロピン（atropine）、ヒヨスシン（hyoscine）、ヒヨスチアミン（hyoscyamine）、トロパン（tropane）など

【病態・症状】

誤って食べた場合

瞳孔散大／口渇／嘔吐／頻脈／高血圧／呼吸困難／興奮／ふらつき／めまい／神経症状／昏睡

死亡する可能性もあります。

新芽（3月ごろ）

【最初の対応】

摂取量によっては命にかかわります。緊急治療が必要になる可能性があるので、様子を見ずに、ただちに動物病院を受診しましょう。

ナス科

ヒヨドリジョウゴの仲間

【学名】*Solanum*　【和名】ナス属

ペットへの有毒性

毒性タイプ

場所

花壇
※雑草として

菜園

市街地

草原

山間部

ヒヨドリジョウゴ（10～11月）

ワルナスビ（6～9月）

イヌホオズキ

【特徴と主な種類】

本属（ナス属）にはペットに有毒な植物として、野菜のトマト（P36）、フユサンゴ（P277）が含まれます。畑や道端、荒れ地、庭先などにふつうに見られるものとして、ワルナスビ、ヒヨドリジョウゴ、イヌホオズキなどが知られ、いずれも有毒です。

【有毒部位】

全草。特に未熟果

【成分】

ステロイドアルカロイドのソラニン（solanine）、ソラニジン（solanidine）やソラマルジン（solamargine）など

【病態・症状】

誤って食べた場合

瞳孔散大／重度の流涎／口渇／吐き気／嘔吐／腹痛／下痢／便秘／腹部膨満／乏尿・無尿／循環障害／頻脈または徐脈／呼吸困難／衰弱／神経症状／元気消失／ふらつき／震え／麻痺／食欲不振／嗜眠／失神

死亡する可能性もあります。

【最初の対応】

摂取量によっては命にかかわります。緊急治療が必要になる可能性があるので、様子を見ずに、ただちに動物病院を受診しましょう。

オオバコ科

ジギタリス（キツネノテブクロ）

【学名】*Digitalis purpurea*　【英名】foxglove, common foxglove

ペットへの有毒性

毒性タイプ

場所

花壇　市街地

花（5～6月）

白花品種

葉縁には
鋸歯がある

【特徴】

高さ 120cm ほど。茎の上部の葉は無柄、または短い葉柄があります。葉縁には細かいギザギザの鋸歯があります。花は鐘状で、長さは 5 ～ 7.5cm です。花色は紫紅色、時に桃色や白色で、内側に暗紫色の斑点が入ります。本種とジギタリス・ルテアとの交雑による栽培品種も育成されています。

【有毒部位】

全草。特に葉

【成分】

強心配糖体のジギトキシン（digitoxin）、ギトキシン（gitoxin）など

【病態・症状】

誤って食べた場合

吐き気／嘔吐／下痢／不整脈／心不全／衰弱／元気消失／ふらつき／震え／卒倒／けいれん／運動失調／心不全／心停止

死亡する可能性もあります。

【最初の対応】

誤って食べた場合は、すぐに動物病院を受診してください。速やかに獣医師へ相談する必要があります。

シソ科

キューバンオレガノ（アロマティカス）

【学名】*Coleus amboinicus*　【異名】*Plectranthus amboinicus*
【英名】Cuban oregano, Indian borage, country borage

ペットへの有毒性

毒性タイプ

場所

屋内

【特徴】

高さ 30 ～ 60cm。葉は多肉質で丸みを帯び、白色の軟毛を生じます。基部からよく分枝します。多肉植物としても扱われることがあります。葉に触れるとミント（P62）に似た爽やかな香りを放ちます。近年人気があり、室内用の観葉植物として利用されます。また、葉を料理に使用することがあります。

【有毒部位】

全株

【成分】

精油

【病態・症状】

誤って食べた場合

嘔吐（時に吐血）／下痢（時に血便）／沈うつ／食欲不振

【最初の対応】

摂取量が少なければ中毒になる可能性は高くありませんが、万が一を考えて、すみやかに動物病院を受診しましょう。

キキョウ科

サワギキョウの仲間

【学名】*Lobelia*　【和名】ミゾカクシ属　【英名】lobelia

ペットへの有毒性

毒性タイプ

場所

花壇　市街地　山間部　水辺

ベニバナサワギキョウ（6～9月）

サワギキョウ（7～9月）

【特徴と主な種類】

◆ **ベニバナサワギキョウ**

高さ 60 ～ 90cm になります。花は 6 ～ 9 月に咲き、長さ 4cm ほどで、鮮やかな緋紅色です。

◆ **サワギキョウ**

高さ 40 ～ 100cm になります。紫色の花は頂生に付き、長さ 4cm ほどで、7 ～ 9 月ごろに開花します。

【有毒部位】

全草

【成分】

ニコチンとよく似た分子構造のアルカロイドであるロベリン（lobeline）

【病態・症状】

誤って触れた場合　角膜潰瘍

誤って食べた場合　瞳孔散大／重度の流涎／吐き気／嘔吐／下痢／衰弱／疲労／元気消失／けいれん／昏迷／昏睡／心停止

死亡する可能性もあります。

【最初の対応】

皮膚に触れたら 10 分程度水で洗い、赤みや発疹が現れた場合は動物病院を受診してください。食べた場合、量によっては命にかかわります。緊急治療が必要になる可能性があるので、様子を見ずに、ただちに動物病院を受診しましょう。

キキョウ科

キキョウ

【学名】*Platycodon grandiflorus*　【英名】balloon flower

ペットへの有毒性

屋内

花壇

市街地

草原

【特徴】

草丈は 50 ～ 100cm。花は広鐘形で先は 5 裂し、径 4 ～ 5cm。花色は青紫色で、白色やピンク色の品種もあります。つぼみは風船状に膨らみ、当初は緑色で、青紫色となり、裂開して開花します。

【有毒部位】

根

【成分】

サポニンのプラチコジン（platycodin）など

【病態・症状】

誤って食べた場合　嘔吐／下痢／胃腸炎／溶血性貧血

【最初の対応】

中毒量を摂取した場合は、中毒症状が発現する可能性があります。すぐに動物病院を受診しましょう。

キク科

キク（イエギク）

【学名】*Chrysanthemum × morifolium*　【英名】florist's chrysanthemum, mum

ペットへの有毒性

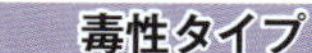

屋内　花壇　市街地

花（ほぼ周年）

花（ほぼ周年）

【特徴】

日本では重要な園芸植物で、切り花、鉢物、花壇素材として利用されています。切り花としては、バラやカーネーション（P194）とともに「三大切り花」とされ、周年出荷されています。仏花として仏壇や墓にお供えされます。欧米で育成された栽培品種群は洋菊と呼ばれ、フラワーアレンジメントなどに多用されます。最も身近な園芸植物のひとつです。

【有毒部位】

全草。特に花と葉

【成分】

キク科植物に共通して含まれるセスキテルペンラクトン系物質（sesquiterpene lactones）のアラントラクトン（alantolactone）

【病態・症状】

誤って触れた場合

皮膚炎／結膜炎／眼のかゆみ

【最初の対応】

皮膚に触れた場合は、10分程度水で洗って汁液などを取りのぞき、赤みや発疹が現れたら動物病院を受診してください。

キク科

ダリア

【学名】*Dahlia* cvs.　【和名】テンジクボタン　【英名】garden dahlia

ペットへの有毒性

【特徴】

ダリア・ピンナタなどの交雑により育成された栽培品種群です。多くの栽培品種があり、花の大きさにより、花径30cm以上を超巨大輪、26～30cmを巨大輪、20～26cmを大輪、10～20cmを中輪、3～10cmを小輪、3cm以下を極小輪と分類されています。切り花としてよく利用されます。

【有毒部位】

花、葉

【成分】

セスキテルペンラクトン系物質(sesquiterpene lactones)のアラントラクトン(alantolactone)

【病態・症状】

誤って触れた場合

皮膚炎

【最初の対応】

皮膚に触れた場合は、10分程度水で洗って汁液などを取りのぞき、赤みや発疹が現れたら動物病院を受診してください。

キク科

エキナセア

【学名】*Echinacea purpurea*　【和名】ムラサキバレンギク
【英名】purple coneflower, hedgehog coneflower, echinacea

ペットへの有毒性

毒性タイプ

場所

花壇

市街地

花（6～10月）

白花品種

【特徴】

高さ60～100cm。花径は10cmほど。花の中央部にある頭状花はコーン状に盛り上がり、その周囲にある一見すると花弁のような舌状花は赤紫色です。白色の栽培品種も知られます。花壇などに植えられます。

【有毒部位】

全草

【成分】

明らかではありませんが、ほかのキク科植物（P220）などと同様と考えられます。

【病態・症状】

誤って触れた場合
アレルギー性皮膚炎
誤って食べた場合
胃腸炎

【最初の対応】

皮膚に触れたら10分程度水で洗い、赤みや発疹が現れた場合は動物病院を受診してください。食べた場合、量が少なければ中毒になる可能性は高くありませんが、万が一を考えてすみやかに動物病院を受診しましょう。

キク科

フジバカマ

【学名】*Eupatorium japonicum*　【英名】fragrant eupatorium

ペットへの有毒性

毒性タイプ

場所

花壇　市街地　山間部

フジバカマ（8～9月）

コバノフジバカマ（8～9月）

【特徴】

秋の七草のひとつとして知られます。高さ1～1.5m。茎頂に淡い紫紅色を帯びた白花が集まって咲きます。生草のままでは無香ですが、乾燥すると、茎葉に含まれるクマリン配糖体が加水分解されて、桜餅の葉のような芳香を放ちます。花壇などに植えられます。
園芸店において「フジバカマ」の名で流通しているのはコバノフジバカマで、フジバカマと別種とする説と、同種とする説があります。

【有毒部位】

全草

【成分】

クマリン
(coumarin)

【病態・症状】

誤って食べた場合　重度の流涎／嚥下困難／血液凝固不全／出血／心不全／不整脈／震え／協調障害／卒倒／黄疸／肝障害／失明
死亡する可能性もあります。

【最初の対応】

摂取量によっては命にかかわります。緊急治療が必要になる可能性があるので、様子を見ずに、ただちに動物病院を受診しましょう。

キク科

ヘレニウム

【学名】*Helenium autumnale*　【和名】ダンゴギク
【英名】common sneezeweed, large-flowered sneezeweed

ペットへの有毒性

毒性タイプ

場所

花（6～10月）

【特徴】

高さ50～130cm。花は径3～5cm、色は黄～橙色です。中央部の頭状花は盛り上がり、その形状からダンゴバナの和名があります。花色が赤褐色や濃赤色、複色などの栽培品種が知られます。

【有毒部位】

地上部

【成分】

キク科植物に共通して含まれるセスキテルペンラクトン系物質（sesquiterpene lactones）のヘレナリン（helenalin）、配糖体（glycosides）

【病態・症状】

誤って食べた場合

口腔・舌・口唇の痛みと炎症／重度の流涎／嘔吐／胃腸炎／下痢／頻脈／発咳／呼吸困難／高体温／衰弱／ふらつき／けいれん／食欲不振

【最初の対応】

摂取量によっては命にかかわります。緊急治療が必要になる可能性があるので、様子を見ずに、ただちに動物病院を受診しましょう。

キク科

シロタエギク（ダスティーミラー）

【学名】*Jacobaea maritima*　【異名】*Senecio cineraria*　【英名】dusty miller, silver ragwort

ペットへの有毒性

屋内　花壇　市街地

花（6～9月）

【特徴】

高さ60cm以上になります。葉は羽状に切れ込み、やわらかい毛が密生し粉をふいたような白色で、観賞対象となっています。古い葉では無毛となり、緑色を帯びます。花は黄色で、長く伸びた茎の先に多数付きます。花壇やプランターなどに寄せ植えたり、切り葉に利用したりします。

【有毒部位】

全草

【成分】

ヒペリシン（hypericin）、ピロリジジンアルカロイド（pyrrolizidine alkaloid）、サポニン（saponin）

【病態・症状】

誤って触れた場合　皮膚炎／光接触皮膚炎
誤って食べた場合　胃腸炎／興奮／徘徊／ヘッドプレス／ふらつき／腎臓病／肝障害
死亡する可能性もあります。

【最初の対応】

皮膚に触れたら10分程度水で洗い、赤みや発疹が現れた場合は動物病院を受診してください。食べた場合、量によっては命にかかわります。緊急治療が必要になる可能性があるので、様子を見ずに、ただちに動物病院を受診しましょう。

キク科

シネラリア（サイネリア）

【学名】*Pericallis × hybrida*　【異名】*Senecio × hybridus*　【英名】florist's cineraria

ペットへの有毒性

毒性タイプ

【特徴】

高さ 20 ～ 30cm。冬から早春の鉢物として室内で観賞されたり、花壇やプランターに植えられたりしています。花色は青、白、ピンク、黄、茶、紫と多様です。高さ 50 ～ 60cm に育つ木立ち性シネラリアは、切り花として利用されています。

【有毒部位】

全草

【成分】

ヒペリシン（hypericin）、ピロリジジンアルカロイド（pyrrolizidine alkaloid）、サポニン（saponin）

【病態・症状】

誤って触れた場合　光接触皮膚炎
誤って食べた場合　流涎／嘔吐／下痢／胃腸炎／興奮／徘徊／ヘッドプレス／腎臓病／肝障害
摂食量が少量でも、**死亡**する可能性があります。

【最初の対応】

皮膚に触れたら 10 分程度水で洗い、赤みや発疹が現れた場合は動物病院を受診してください。食べた場合、量によっては命にかかわります。緊急治療が必要になる可能性があるので、様子を見ずに、ただちに動物病院を受診しましょう。

キク科

オオオナモミ

【学名】*Xanthium orientale*　【英名】Noogoora burr, Canada cocklebur

ペットへの有毒性

毒性タイプ

場所

果実（10～11月）

【特徴】

北アメリカ原産ですが、日本では1929年に岡山県ではじめて確認されました。その後、日本全土に帰化し、今ではオナモミ属のなかで最もふつうに見られます。果実に多数の刺があり、動物の毛や人の衣服に付着して伝播します。日本原産のオナモミも同様の形態ですが、急激に個体数が減少し、野生で観察するのは困難です。

【有毒部位】

種子、刺（接触による機械的刺激）

【成分】

ジテルペノイド（diterpenoid）のカルボキシアトラクチロシド（carboxyatractyloside）、グルコシド（glucoside）のセスキテルペン（sesquiterpene）

【病態・症状】

誤って食べた場合　嘔吐／腹痛／呼吸困難／不整脈／筋力低下／体温異常／衰弱／ふらつき／反応性低下／けいれん／沈うつ／食欲不振／肝硬変

中毒以外の注意点　（外傷）皮膚・眼などの機械的損傷。イヌ・ネコの被害はまれですが注意しておきましょう。

【最初の対応】

体表に付いた刺のある果実は取りのぞきます。食べた場合、摂取量によっては命にかかわります。緊急治療が必要になる可能性があるので、様子を見ずに、ただちに動物病院を受診しましょう。

セリ科

ドクゼリ

【学名】*Cicuta virosa*　【英名】cowbane, northern water hemlock

ペットへの有毒性

毒性タイプ

場所

水辺

ケーラー『ケーラーの薬用植物』第3巻（1898年）より

【特徴】

ドクウツギ（P246）、トリカブト（P170）とともに、日本三大有毒植物のひとつとされます。高さ1mほど。茎頂に白〜淡桃色の花を多数付けます。根茎は肥大し、中空で節があり、断面がタケノコ状となっています。

【有毒部位】

全草

【成分】

猛毒のシクトキシン（cicutoxin）など

【病態・症状】

誤って食べた場合

口腔・舌・口唇の激しい痛みと炎症／重度の流涎／泡を吐く／激しい歯ぎしり／嘔吐／腹痛／下痢／心不全／頻脈／呼吸困難／瞳孔散大／振戦／浮腫／強直／神経過敏／激しいけいれん／不安な様子／意識障害／昏睡

死亡する可能性もあります。

【最初の対応】

摂取量によっては命にかかわります。緊急治療が必要になる可能性があるので、様子を見ずに、ただちに動物病院を受診しましょう。

セリ科

ドクニンジン

【学名】*Conium maculatum*　【英名】hemlock, poison hemlock

ペットへの有毒性

毒性タイプ

ケーラー『ケーラーの薬用植物』第2巻（1890年）より

【特徴】

ヨーロッパ原産ですが、日本の全土に帰化しています。高さ80～180cm。茎頂に小さな白花を多数付けます。茎の上部は緑色でつるつるしていますが、下部は紅紫色の斑点が入ります。全草に不快な香りがします。古代ギリシアで、哲学者ソクラテスの処刑に毒薬として用いられたとされます。

【有毒部位】

全草。特に根と種子

【成分】

コニイン（coniine）、N-メチルコニイン（N-methylconiine）、コンヒドリン（conhydrine）、N-メチルプソイドコンヒドリン（N-methylpseudoconhydrine）、γ-コニセイン（γ-coniceine）など

【病態・症状】

誤って食べた場合

口腔と咽喉頭の激しい痛み／重度の流涎／吐き気／嘔吐／下痢／頻尿／筋力低下／中枢神経系の異常／呼吸不全／けいれん／昏睡

死亡する可能性もあります。

【最初の対応】

摂取量によっては命にかかわります。緊急治療が必要になる可能性があるので、様子を見ずに、ただちに動物病院を受診しましょう。

マツブサ科

シキミ（ハナノキ、コウノキ）

【学名】*Illicium anisatum*　【英名】Japanese star anise

ペットへの有毒性

毒性タイプ

市街地
※墓前など

山間部

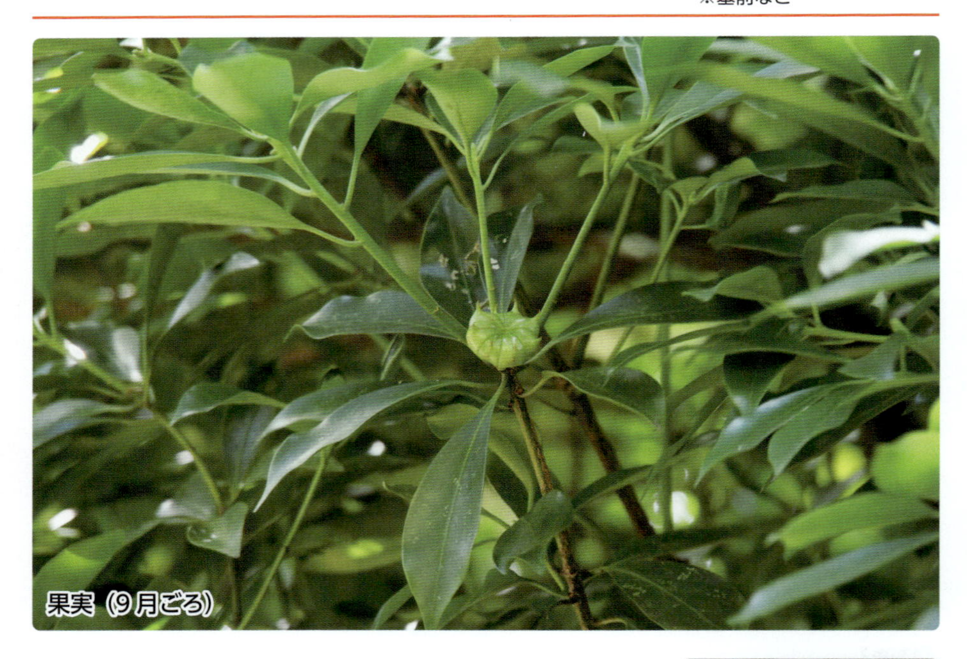
果実（9月ごろ）

【特徴】

高さ 10m になります。葉は滑らかな革質で、特有の臭気があります。3～4月に淡黄色の花が咲きます。9～10月に、木質の果実を付けます。和名は「悪しき実」の意味で、果実の有毒性に由来します。特有の臭気があり、獣類が嫌うことから、墓を暴かれるのを防ぐため墓前に挿したといわれます。

【病態・症状】

誤って食べた場合

重度の流涎／嘔吐／下痢／呼吸困難／高血圧／めまい／けいれん

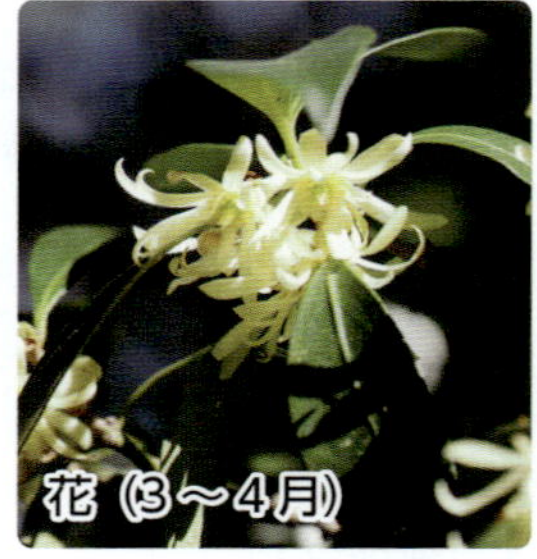
花（3～4月）

【有毒部位】

全株。特に果実と種子

【成分】

神経毒のアニサチン（anisatin）

【最初の対応】

摂取量によっては命にかかわります。緊急治療が必要になる可能性があるので、様子を見ずに、ただちに動物病院を受診しましょう。

モクレン科

モクレン（シモクレン）

【学名】*Magnolia liliiflora*　【英名】purple magnolia, lily magnolia, tulip magnolia

ペットへの有毒性

毒性タイプ

場所

花壇

市街地

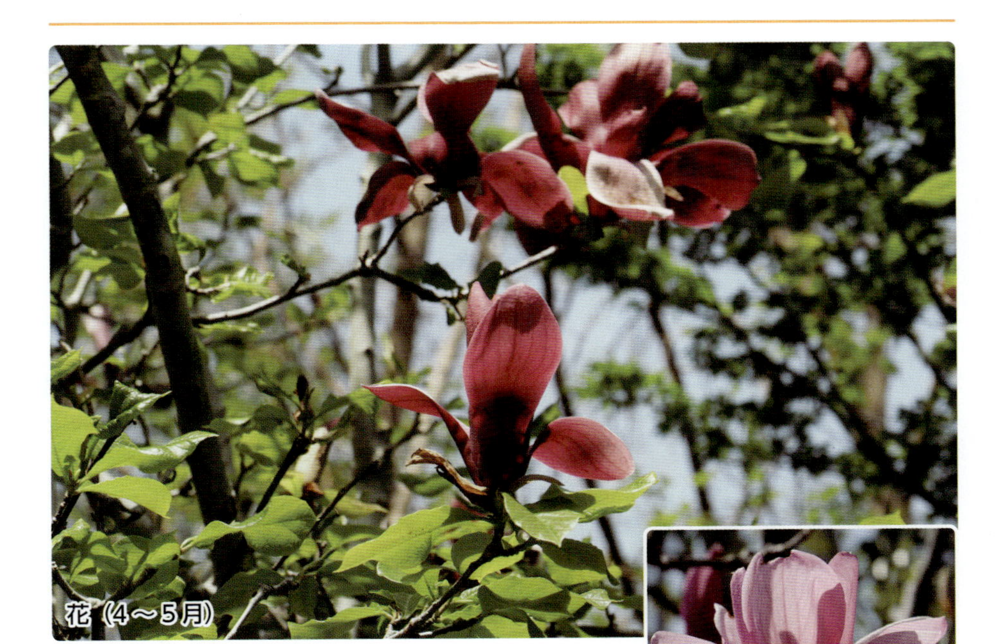
花（4～5月）

【特徴】

高さ 2 ～ 4m になります。幹はしばしば基部で分枝し、株立ち状になります。紫紅色の花は大きく径 10cm ほどで、春に葉が展開するのと同時期に上向きに咲きます。花にはやや芳香があります。庭木や公園樹としてよく植栽されています。

【有毒部位】

樹皮

【成分】

イソキノリンアルカロイド（isoquinoline alkaloid）

【病態・症状】

誤って食べた場合

筋力低下

【最初の対応】

中毒量を摂取した場合は、中毒症状が発現する可能性があります。すぐに動物病院を受診しましょう。

ロウバイ科

クロバナロウバイ

【学名】*Calycanthus floridus* var. *glaucus*　【英名】Carolina allspice, eastern sweetshrub

ペットへの有毒性

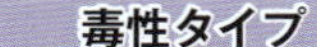

屋内　菜園　草原

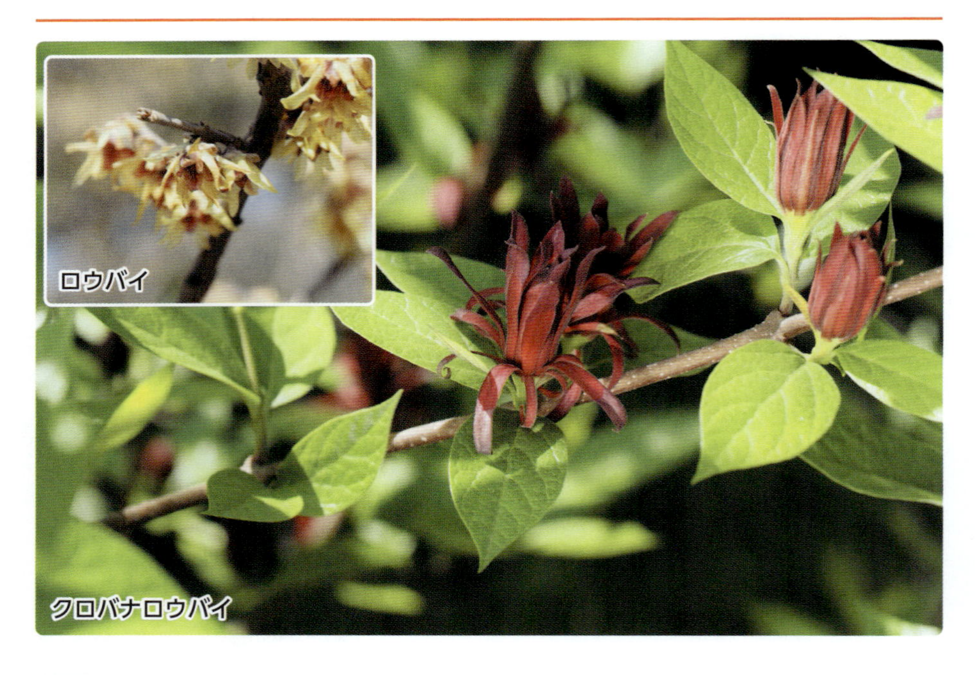

【特徴】

高さ1～3mになる落葉性の低木。4～6月に暗紫紅色の花を上向きに付けます。庭木のほか、切り花、茶花としてよく用いられます。日本への渡来は江戸時代中期とされます。

【有毒部位】

種子

【成分】

アルカロイドのカリカンチン（calycanthine）。神経毒ストリキニーネ（strychnine）と同様の作用があります。近縁属のロウバイ（*Chimonanthus praecox*）も同様の成分を含みます。

【病態・症状】

ウシでの健康被害が報告されています。念のため注意しておきましょう。

誤って食べた場合

ふらつき／けいれん／神経過敏／心抑制

死亡する可能性もあります。

【最初の対応】

摂取量によっては命にかかわります。緊急治療が必要になる可能性があるので、様子を見ずに、ただちに動物病院を受診しましょう。

メギ科

ナンテン

【学名】*Nandina domestica*　【英名】nandina, heavenly bamboo, sacred bamboo

毒性タイプ

【特徴】

高さ1～2mになります。葉は大きく、茎の上部に密に付き、互生します。小葉は披針形で、長さ3～7cm。秋になると紅葉します。果実は球形で径7～8mm、晩秋～初冬に赤く熟します。矮性で葉が幅広く、美しく紅葉するものをオタフクナンテンと呼んでいます。庭木や公園などに植栽されます。

【有毒部位】

全株。特に果実

【成分】

アルカロイドのドメスチン（domestine）、イソコリジン（isocorydine）など、葉にアルカロイドのナンジニン（nandinine）など

【病態・症状】

誤って食べた場合

嘔吐／下痢／徐脈／呼吸不全／チアノーゼ／肺うっ血／呼吸不全／けいれん／昏睡

死亡する可能性もあります。

【最初の対応】

摂取量によっては命にかかわります。緊急治療が必要になる可能性があるので、様子を見ずに、ただちに動物病院を受診しましょう。

ツゲ科

セイヨウツゲ（ヨーロッパツゲ、ボックスウッド）

【学名】*Buxus sempervirens*　【英名】common box, boxwood

ペットへの有毒性

毒性タイプ

場所

花壇

市街地

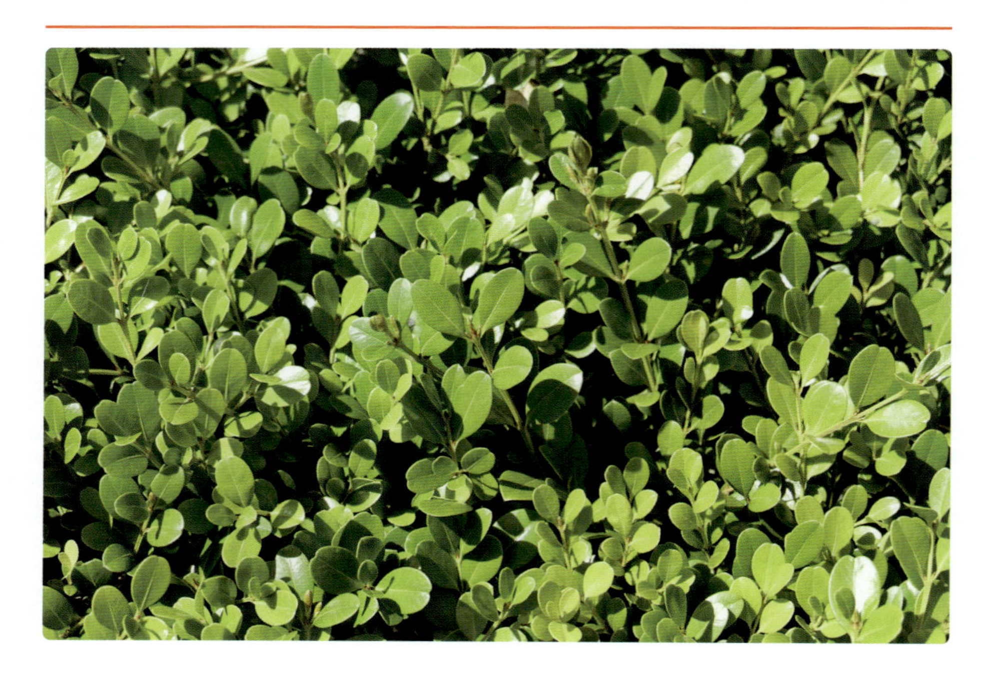

【特徴】

高さ0.5～1.5m。倒卵形の葉は1.5～2.5cm、やや明るめの緑色で、厚くつやがあります。葉はしばしば冬に赤みを帯びます。刈込みに耐えるので、生垣やトピアリー、洋風庭園の縁取りなどによく利用されています。

【有毒部位】

全株。特に葉

【成分】

ステロイドアルカロイドのブクシン（buxine）、フラボノイド配糖体（flavonoid glycosides）

【病態・症状】

誤って触れた場合　皮膚炎

誤って食べた場合　吐き気／嘔吐／激しい腹痛／下痢／心不全／呼吸不全／興奮／めまい／神経過敏／けいれん／嗜眠

死亡する可能性もあります。

【最初の対応】

皮膚に触れたら10分程度水で洗い、赤みや発疹が現れた場合は動物病院を受診してください。食べた場合、量によっては命にかかわります。緊急治療が必要になる可能性があるので、様子を見ずに、ただちに動物病院を受診しましょう。

ボタン科

ボタン

【学名】*Paeonia × suffruticosa*　【英名】tree peony

ペットへの有毒性

【特徴】

高さ1.5～2mになります。花は茎頂に単生し、径10～17cmと大きく、色は白、ピンク、紅、紫。開花期は5月上旬です。
寒牡丹は秋から冬に開花する栽培品種群です。
豪華な花から「百花の王」とも呼ばれます。
近縁のシャクヤク（P180）は草本です。

【有毒部位】

根皮

【成分】

フェノール誘導体のペオノール（paeonol）、ペオノシド（paeonoside）、モノテルペン配糖体のペオニフロリン（paeoniflorin）など

【病態・症状】

誤って食べた場合

吐き気／下痢／多尿／心不全／低血圧／ふらつき／震え／けいれん／虚脱／沈うつ
死亡する可能性もあります。

【最初の対応】

摂取量によっては命にかかわります。緊急治療が必要になる可能性があるので、様子を見ずに、ただちに動物病院を受診しましょう。

ユズリハ科

ユズリハ

【学名】*Daphniphyllum macropodum*

ペットへの有毒性

古い葉が新葉に入れ替わる（6～7月）

【特徴】

高さ 4 ～ 10m。雌雄異株。葉は長楕円形で長さ 20㎝ほど、葉柄は赤みを帯びます。初夏に古い葉が落ちて新葉と入れ替わることが和名の由来です。親が子に代を譲り、家が代々続くということから、縁起の良い木として正月の鏡餅や門松に使われたり、庭木や公園樹として植えられたりします。

【有毒部位】

葉、樹皮

【成分】

ダフニマクリン（daphnimacrin）、ダフニフィリン（daphniphylline）、ユズリミン（yuzurimine）など

雄花（5～6月）

【病態・症状】

誤って食べた場合

麻痺／肝障害

【最初の対応】

中毒量を摂取した場合は、中毒症状が発現する可能性があります。すぐに動物病院を受診しましょう。

マメ科

エニシダ

【学名】*Cytisus scoparius*　【英名】common broom, Scotch broom

ペットへの有毒性

毒性タイプ

場所

花壇

市街地

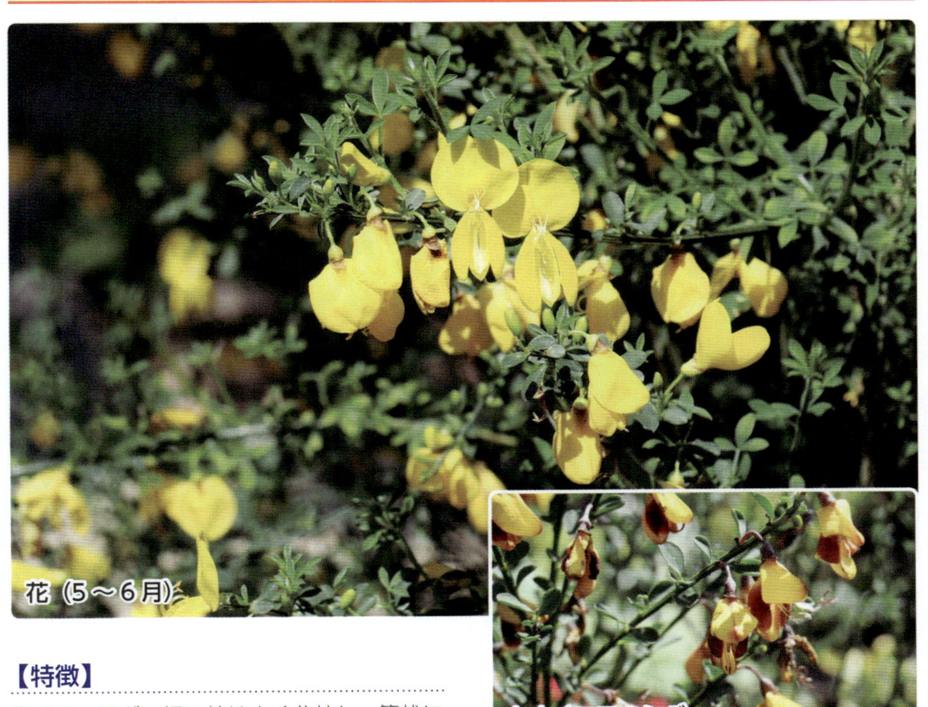
花（5～6月）

ホオベニエニシダ

【特徴】

高さ 2m ほど。細い枝はよく分枝し、箒状になります。鮮やかな黄色の蝶形花を葉腋に 1 ～ 2 個付けます。翼弁（よくべん）（左右一対ある花弁）に赤色の斑が入る栽培品種のホオベニエニシダもよく栽培されます。

【有毒部位】

全株。特に枝や葉

【成分】

アルカロイドのスパルテイン（sparteine）、イソスパルテイン（isosparteine）、シチシン（cytisine）など

【病態・症状】

誤って食べた場合

胃腸炎／嘔吐／筋力低下／興奮／けいれん／昏睡

死亡する可能性もあります。

【最初の対応】

摂取量によっては命にかかわります。緊急治療が必要になる可能性があるので、様子を見ずに、ただちに動物病院を受診しましょう。

マメ科

キングサリ（キバナフジ）

【学名】*Laburnum anagyroides*　【異名】*Cytisus laburnum*
【英名】common laburnum, golden chain, golden rain

ペットへの有毒性

【特徴】

高さ7～10m。黄色の花は蝶形で、垂れ下がる総状花序に付きます。果実は扁平な豆果です。ヨーロッパでは特に庭木、街路樹として人気があります。日本でも本種を片親とした交雑種が栽培されています。

【有毒部位】

全株。特に果実

【成分】

アルカロイドのシチシン（cytisine）

【病態・症状】

誤って食べた場合

瞳孔散大／胃腸炎／泡を吐く／吐き気／嘔吐／下痢／心毒性／頻脈／不整脈／チアノーゼ／ふらつき／けいれん／嗜眠／昏睡

死亡する可能性もあります。

【最初の対応】

摂取量によっては命にかかわります。緊急治療が必要になる可能性があるので、様子を見ずに、ただちに動物病院を受診しましょう。

マメ科

ハリエンジュ（ニセアカシア）

【学名】*Robinia pseudoacacia*　【和名】black locus

ペットへの有毒性

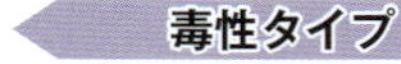

果実（10月）

【特徴】

高さ25m。花は白色で、芳香があり、密生して下垂します。果実は広線形、長さ5～10cmで、3～10個の種子が入っています。単に「アカシア」と呼ばれることがあります。

【有毒部位】

種子、樹皮、葉

【成分】

有毒成分のロビン（robin）、レクチン（lectin）

【病態・症状】

誤って食べた場合　吐き気／嘔吐／腹痛／下痢（時に血便）／胃腸炎／不整脈／呼吸困難／ふらつき／麻痺／脱力／沈うつ／腎臓病／食欲不振／ショック

死亡する可能性もあります。

【最初の対応】

摂取量によっては命にかかわります。緊急治療が必要になる可能性があるので、様子を見ずに、ただちに動物病院を受診しましょう。

マメ科

エビスグサ（ロッカクソウ）

【学名】*Senna obtusifolia*　【英名】Chinese senna, sicklepod

ペットへの有毒性

毒性タイプ

場所

市街地
（暖地）

花（6～9月）
未熟果

【特徴】

高さ 70 ～ 150cm。茎には稜角があります。葉腋から、1 ～ 2 個の黄色い花を下向きに咲かせます。細長い果実は湾曲した六角柱形です。種子は同属のハブソウの代用として、「ハブ茶」に利用されます。

【有毒部位】

葉、茎、未熟種子

【成分】

アントラキノン（anthraquinone）、エモジン配糖体（emodin glycosides）、トキサルブミン（toxalbumins）のクリサロビン（chrysarobin）、レクチン（lectin）

【病態・症状】

誤って食べた場合

溶血による赤～コーヒー色の尿／下痢／元気消失／ふらつき／震え／食欲不振／肝障害

【最初の対応】

摂取量が少なければ中毒になる可能性は高くありませんが、万が一を考えて、すみやかに動物病院を受診しましょう。

マメ科

ネムノキ（ネム、ネブ）

【学名】*Albizia julibrissin*　【英名】mimosa tree, Persian silk tree, pink silk tree

ペットへの有毒性

毒性タイプ

場所

花壇

市街地

花（6～7月）

【特徴】

高さ6～10m。葉は羽状複葉で、多くの小葉を付けます。夜になると小葉が閉じて垂れ下がり、就眠運動を行うことが和名の由来です。庭木や街路樹としてよく利用されます。成長が早く、日がよく当たる荒れ地などでは最初に侵入することから、よく遭遇する身近な樹木です。

【有毒部位】

葉、種子

【成分】

有毒性のアルカロイド

【病態・症状】

家畜における事例があります。念のため気をつけましょう。

誤って食べた場合

前庭疾患／ふらつき／神経過敏／震え／けいれん

【最初の対応】

摂取量によっては命にかかわります。緊急治療が必要になる可能性があるので、様子を見ずに、ただちに動物病院を受診しましょう。

バラ科

トキワサンザシ（ピラカンサ）

【学名】*Pyracantha coccinea*　【英名】scarlet firethorn

ペットへの有害性

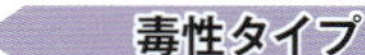

花壇　市街地

果実（11～12月）

【特徴】

本来は高さ6mほどになりますが、さまざまに仕立てて、盆栽として小さく栽培されることがあります。果実は観賞対象とされ、径5～8mmの球形で、秋に鮮やかな紅色に色付きます。栽培品種により橙、黄色に色付きます。

【有毒部位】

果実

【成分】

青酸配糖体（cyanogenic glycosides）のプルナシン（prunasin）

【病態・症状】

誤って触れた場合　皮膚炎
誤って食べた場合　胃炎

【最初の対応】

皮膚に触れたら10分程度水で洗い、赤みや発疹が現れた場合は動物病院を受診してください。食べた場合、量が少なければ中毒になる可能性は高くありませんが、万が一を考えてすみやかに動物病院を受診しましょう。

バラ科

シロヤマブキ

【学名】*Rhodotypos scandens*　【英名】jetbead, jetberry bush

ペットへの有毒性

毒性タイプ

場所

花壇

市街地

【特徴】

高さ1～1.5m。新しく伸びた枝先に，径3～4cmほどの白花を1個付けます。果実は1花に4個付き、径7mmほどで、光沢のある黒色です。中国地方の石灰岩地だけに自生しますが、挿し木などで容易に繁殖することから、庭木などによく利用されています。

【有毒部位】

果実

【成分】

青酸配糖体（cyanogenic glycosides）のアミグダリン（amygdalin）

【病態・症状】

誤って食べた場合

嘔吐／瞳孔散大／腹痛／下痢／呼吸困難／興奮／衰弱／けいれん／昏睡

【最初の対応】

摂取量によっては命にかかわります。緊急治療が必要になる可能性があるので、様子を見ずに、ただちに動物病院を受診しましょう。

クワ科

インドゴムノキの仲間

【学名】*Ficus*　【和名】イチジク属　【英名】fig tree, fig

ペットへの有毒性

毒性タイプ

屋内

花壇

ベンジャミンゴムノキ‘スター・ライト’

【特徴と主な種類】

イチジク（P49）、フィカス・プミラ（P80）の仲間です。茎葉の切り口から白い乳液を出します。以下の種類が観葉植物として利用されます。

◆ **フィカス・アルティシマ**

インドゴムノキに似ていますが、葉脈が目立ちます。斑入り葉の栽培品種‘バリエガタ’がよく栽培されます。

◆ **ベンジャミンゴムノキ**

枝が垂れ下がり、優しい感じがするために観葉植物としてよく利用されています。葉は革質で光沢があり、卵状楕円形で、長さ10cmほど。斑入りの栽培品種として‘スター・ライ

葉の切り口から出る乳液

フィカス・アルティシマ'バリエガタ'

ガジュマル'バリエガタ'

インドゴムノキ'トリカラー'

ト'などが知られます。

◆ **インドゴムノキ**

本来は高さ 30m ほどになります。光沢のある葉は厚く、革質、長楕円形～楕円形で、長さ 20～30cm ほどです。多くの栽培品種があり、室内の観葉植物として人気があります。

◆ **ガジュマル**

高木～低木で、幹から気根がよく出ます。盆栽風に仕立てられることがあります。葉は厚く、光沢があり、広卵形～広楕円形で、長さ 7～8cm。'バリエガタ'は黄白色の斑が入り、フイリガジュマルと呼ばれます。

【有毒部位】

全株。特に白色の乳液、果皮

【成分】

光毒性物質であるフロクマリン類（furocoumarins）やタンパク質分解酵素のシステインプロテアーゼ（cysteine protease）

【病態・症状】

誤って触れた場合　皮膚炎／結膜炎／眼のかゆみ

誤って食べた場合　胃炎／アレルギー症状（発咳・喘鳴）／光線性皮膚炎

【最初の対応】

皮膚に触れたら 10 分程度水で洗い、赤みや発疹が現れた場合は動物病院を受診してください。食べた場合、量が少なければ中毒になる可能性は高くありませんが、万が一を考えて、すみやかに動物病院を受診しましょう。

ドクウツギ科

ドクウツギ（イチロベエゴロシ）

【学名】*Coriaria japonica*

ペットへの有毒性

毒性タイプ

場所

山間部　水辺

果実のように見える偽核果（6～9月）

【特徴】

トリカブト（P170）、ドクゼリ（P228）とともに日本三大有毒植物のひとつとして有名です。高さ 1 ～ 2m。雌雄同株。4 ～ 5 月になると、雄花と雌花を別々の花序に、密に咲かせます。雌花の花弁が肥大して多肉質化し、一見すると果実のようです。当初は紅色で、熟すと黒紫色になります。中に真の果実が 5 個含まれます。

【有毒部位】

全株。特に果実

【成分】

コリアミルチン（coriamyrtin）、ツチン（tutin）、コリアリン（coriarin）で、特にコリアミルチンの毒性が強い

【病態・症状】

誤って食べた場合

瞳孔縮小／重度の流涎／嘔吐／呼吸困難／高血圧／強直／けいれん

死亡する可能性もあります。

【最初の対応】

摂取量によっては命にかかわります。緊急治療が必要になる可能性があるので、様子を見ずに、ただちに動物病院を受診しましょう。

ニシキギ科

マサキの仲間

【学名】*Euonymus*　【和名】ニシキギ属　【英名】burning-bush, spindle

ペットへの有毒性

毒性タイプ

場所

花壇　市街地

【特徴と主な種類】

身近な種類としては、以下が知られます。

◆ マユミ

高さ3～5m。秋になると美しい紅葉と果実が楽しめるため、庭木や盆栽などに利用されます。

◆ マサキ

高さ1～1.5m。刈り込みに強く、枝が密生するため、生け垣や庭木としてもよく用いられます。斑入りの栽培品種が知られます。

【有毒部位】

全株。特に種子

【成分】

アルカロイドのエボニン（evonine）など

【病態・症状】

誤って触れた場合　アレルギー性皮膚炎

誤って食べた場合　吐き気／嘔吐／下痢／悪寒／衰弱／けいれん／麻痺／昏睡

【最初の対応】

皮膚に触れたら10分程度水で洗い、赤みや発疹が現れた場合は動物病院を受診してください。食べた場合、量によっては命にかかわります。緊急治療が必要になる可能性があるので、様子を見ずに、ただちに動物病院を受診しましょう。

トウダイグサ科

クロトン

【学名】*Codiaeum variegatum*　【和名】ヘンヨウボク
【英名】fire croton, garden croton, variegated croton

ペットへの有毒性

毒性タイプ

場所

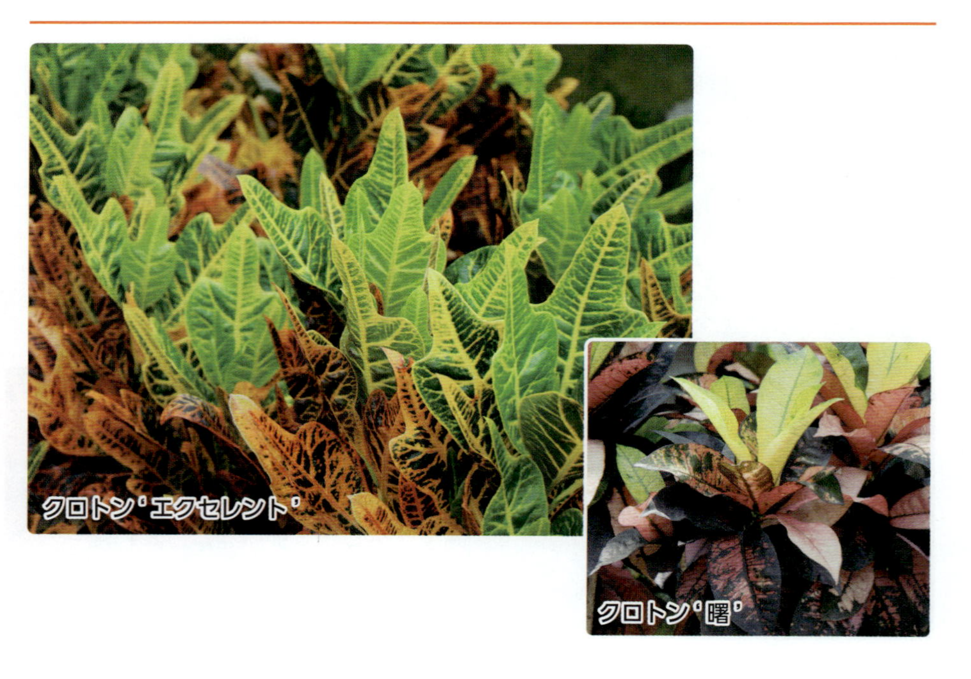

【特徴】

高さ1～2m。葉は非常に変異があり、葉身は線形～卵状披針形で、葉縁は全縁または裂け、ときに主脈まで切れ込むことがあります。葉面には緑、黄、赤、白、紫などの多様な色の斑が入ります。多くの栽培品種が知られます。室内の観葉植物や高温期の花壇などに利用されます。

【有毒部位】

全株

【成分】

ジテルペンエステル（diterpene ester）

【病態・症状】

誤って触れた場合

皮膚炎／目のかゆみ

誤って食べた場合

口腔・舌・口唇の激しい痛みと炎症／吐き気／嘔吐／腹痛／下痢／呼吸困難／腎臓病／肝障害／頻脈／不整脈

【最初の対応】

皮膚に触れたら10分程度水で洗い、赤みや発疹が現れた場合は動物病院を受診してください。食べた場合、量によっては命にかかわります。緊急治療が必要になる可能性があるので、様子を見ずに、ただちに動物病院を受診しましょう。

トウダイグサ科

ポインセチア

【学名】*Euphorbia pulcherrima*　【異名】*Poinsettia pulcherrima*
【和名】シュウジョウボク　【英名】poinsettia

ペットへの有毒性

場所

屋内　花壇

ポインセチア（11～12月）

【特徴】

11月から12月ごろ、茎の上にある苞が赤や桃色や乳白色に美しく色付きます。冬の鉢花の代表で、クリスマスシーズン前に出回ります。沖縄などでは庭木とされます。本属には多様な植物が含まれており（P93、189、250、251、294、295）、いずれも切り口から白い乳液を出します。

【有毒部位】

全株。特に乳液

【成分】

ジテルペンエステル（diterpene ester）のホルボールエステル類（phorbol ester）など。ホルボールエステル類には発がん作用があります。

【病態・症状】

誤って触れた場合　皮膚炎（水疱など）／結膜炎／角膜潰瘍
誤って食べた場合　吐き気／嘔吐／下痢／腹痛／光線性皮膚炎

【最初の対応】

皮膚に触れたら10分程度水で洗い、赤みや発疹が現れた場合は動物病院を受診してください。食べた場合、量が少なければ中毒になる可能性は高くありませんが、万が一を考えてすみやかに動物病院を受診しましょう。

トウダイグサ科

彩雲閣

さいうんかく

【学名】*Euphorbia trigona*　【英名】African milk tree, cathedral cactus

ペットへの有毒性

【特徴】

多肉性のユーフォルビアの仲間（P93）ですが、茎の上部の隆線に葉があります。室内の観葉植物として一般的です。本属には多様な植物が含まれており（P189、249、251、294、295）、いずれも切り口から白い乳液を出します。

【有毒部位】

全株。特に乳液

【成分】

ジテルペンエステル（diterpene ester）のホルボールエステル類（phorbol ester）など。ホルボールエステル類には発がん作用があります。

【病態・症状】

誤って触れた場合　皮膚炎（水疱など）／結膜炎／角膜潰瘍
誤って食べた場合　吐き気／嘔吐／下痢／腹痛／光線性皮膚炎

【最初の対応】

皮膚に触れたら10分程度水で洗い、赤みや発疹が現れた場合は動物病院を受診してください。食べた場合、量が少なければ中毒になる可能性は高くありませんが、万が一を考えてすみやかに動物病院を受診しましょう。

トウダイグサ科

ハナキリン

【学名】*Euphorbia milii*　【英名】crown of thorns christ plant

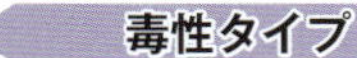

ペットへの有毒性

花壇

市街地

【特徴】

高さ2m ほどになります。枝には鋭い刺があります。苞が赤、ピンクなどに色づきます。室内の観葉植物として一般的です。沖縄などでは戸外の庭などに植えられます。本属には多様な植物が含まれており（P93、189、249、250、294、295）、いずれも切り口から白い乳液を出します。

【有毒部位】

全株。特に乳液

【成分】

ジテルペンエステル（diterpene ester）のホルボールエステル類（phorbol ester）など。ホルボールエステル類には発がん作用があります。

【病態・症状】

誤って触れた場合　皮膚炎（水疱など）／結膜炎／角膜潰瘍

誤って食べた場合　吐き気／嘔吐／下痢／腹痛／光線性皮膚炎

【最初の対応】

皮膚に触れたら 10 分程度水で洗い、赤みや発疹が現れた場合は動物病院を受診してください。食べた場合、量が少なければ中毒になる可能性は高くありませんが、万が一を考えてすみやかに動物病院を受診しましょう。

トウダイグサ科

ナンキンハゼ（トウハゼ）

【学名】*Triadica sebifera*　【英名】Chinese tallow tree, Florida aspen, chicken tree, gray popcorn tree, candleberry tree

ペットへの有毒性

毒性タイプ

場所

花壇　市街地

紅葉期（11月ごろ）

果実と白色の種子（11月ごろ）

【特徴】

高さ6mほどになる落葉高木。葉はひし状広卵形で、秋には美しく紅葉します。小さな花は長さ10cmほどの総状花序に付きます。果実は秋に熟し、中に種子を3個含みます。種子の表面は白色のロウ物質で覆われます。きれいに色付くので、庭木、街路樹、公園樹としてよく利用されます。

【有毒部位】

全株。特に樹液や種子の油

【成分】

発がん作用があるジテルペンエステル（diterpene ester)のホルボールエステル類(phorbol ester)

【病態・症状】

誤って触れた場合　皮膚炎
誤って食べた場合　下痢（時に血便）／脱水／脱力／食欲不振

【最初の対応】

皮膚に触れたら10分程度水で洗い、赤みや発疹が現れた場合は動物病院を受診してください。食べた場合、量によっては命にかかわります。緊急治療が必要になる可能性があるので、様子を見ずに、ただちに動物病院を受診しましょう。

フトモモ科

ユーカリの仲間

【学名】*Eucalyptus*　【和名】ユーカリノキ属

ペットへの有毒性

毒性タイプ

場所

屋内　花壇　市街地

ユーカリ・グニー

マルバユーカリ

【特徴と主な種類】

以下の種類が切り葉や庭木に利用されています。

◆ ユーカリ・グニー

丸みのある若葉は対生し、無柄で、白い粉を帯びています。鉢物のほか、切り葉としてフラワーアレンジによく利用されます。

◆ マルバユーカリ

ユーカリ・ポポラスとも呼ばれます。葉は灰青色で、丸みを帯びています。鉢物や庭木に利用されます。

【有毒部位】

葉、樹皮

【病態・症状】

誤って触れた場合　皮膚炎

誤って食べた場合　吐き気／嘔吐／下痢／昏睡

【最初の対応】

皮膚に触れたら10分程度水で洗い、赤みや発疹が現れた場合は動物病院を受診してください。食べた場合、量によっては命にかかわります。緊急治療が必要になる可能性があるので、様子を見ずに、ただちに動物病院を受診しましょう。

ウルシ科

ウルシの仲間

【学名】*Toxicodendron*　【和名】ウルシ属

ペットへの有毒性

毒性タイプ

ハゼノキ

【特徴と主な種類】

身近な種類として、以下が知られます。近づいただけでもかぶれることがあります。

◆ ハゼノキ

高さ 10m ほどになります。葉は大型の羽状複葉で、枝先に集まって付きます。果実から木蝋を採取してロウソクなどに利用されます。秋には美しく紅葉します。

◆ ツタウルシ

つる植物で、気根を出して他樹に付着してよじ登り、高さ 3m ほどになります。葉は互生し、3 出複葉です。晩秋に赤や黄色に紅葉します。

◆ ヤマウルシ

高さ 5 ～ 8m ほど。葉は羽状複葉で、長さ 5

ハゼノキの紅葉（11 ～ 12月）

～ 12cm。ウルシに似ていますが、若葉や葉柄が赤みを帯び、葉両面に毛があります。秋には紅葉します。

◆ **ウルシ**

高さ 3 ～ 10m。葉は羽状複葉で、小葉は長さ 5 ～ 12cm。樹皮を傷つけて生漆を採ります。生漆を採るために栽培される以外、身近な場所で栽培されることはほとんどありません。秋には黄葉します。

【有毒部位】

全株。特に樹液

【成分】

ウルシオール（urushiol）など

【病態・症状】

誤って触れた場合

皮膚炎（水疱、腫脹など）

誤って食べた場合

口腔の痛み／胃腸炎／呼吸困難（木材を燃やして煙を吸い込んだときなど）

【最初の対応】

皮膚に触れたら 10 分程度水で洗い、赤みや発疹が現れた場合は動物病院を受診してください。食べた場合、量によっては命にかかわります。緊急治療が必要になる可能性があるので、様子を見ずに、ただちに動物病院を受診しましょう。

ムクロジ科

トチノキの仲間

【学名】*Aesculus*　【和名】トチノキ属　【英名】buckeye, horse chestnut

ペットへの有毒性

トチノキ（5～6月）

トチノキの果実と種子

ベニバナトチノキ（5～6月）

【特徴と主な種類】

◆ **ベニバナトチノキ**

高さ 10 ～ 25m になり、花は赤色で美しく、日本では公園樹や街路樹に利用されます。

◆ **セイヨウトチノキ**

フランス語名のマロニエ（marronnier）で知られます。高さ 35m ほどになり、夏涼しい地域で街路樹に利用されています。

◆ **トチノキ**

高さ 30m になり、特に東北地方でよく見られます。とち餅の原料、建築用材、装飾材として知られます。

【有毒部位】

種子、芽、葉

【成分】

エスクリン（esculin）、エスシン（escin）など

【病態・症状】

誤って食べた場合　瞳孔散大／重度の流涎／胃腸炎／嘔吐／腹痛／下痢／呼吸困難／筋力低下／けいれん／麻痺

死亡する可能性もあります。

【最初の対応】

摂取量によっては命にかかわります。緊急治療が必要になる可能性があるので、様子を見ずに、ただちに動物病院を受診しましょう。

ミカン科

ミヤマシキミ

【学名】*Skimmia japonica*　【英名】Japanese skimmia

ペットへの有毒性

毒性タイプ

場所

花壇

山間部

花（4〜5月）

果実（12〜2月）

【特徴】

雌雄異株。高さ0.5〜1mほど。葉は枝先に対生または輪生状に付きます。花は白色で、茎頂に多数付きます。果実は径1cmほどで、赤く目立ちます。赤花の栽培品種も知られ、庭木として観賞用に栽培されます。

【有毒部位】

全株。特に葉、果実

【成分】

シキミン（skimmine）、シキミアニン（skimmianine）、ジクタムニン（dictamine）など

【病態・症状】

誤って食べた場合

吐き気／嘔吐／下痢／高血圧／呼吸不全／けいれん／麻痺／意識障害／心停止／死流産

死亡する可能性もあります。

【最初の対応】

摂取量によっては命にかかわります。緊急治療が必要になる可能性があるので、様子を見ずに、ただちに動物病院を受診しましょう。

センダン科

センダン（オウチ、アミノキ）

【学名】*Melia azedarach*　【英名】chinaberry tree, Persian lilac, white cedar

ペットへの有毒性

毒性タイプ

場所

市街地　海辺

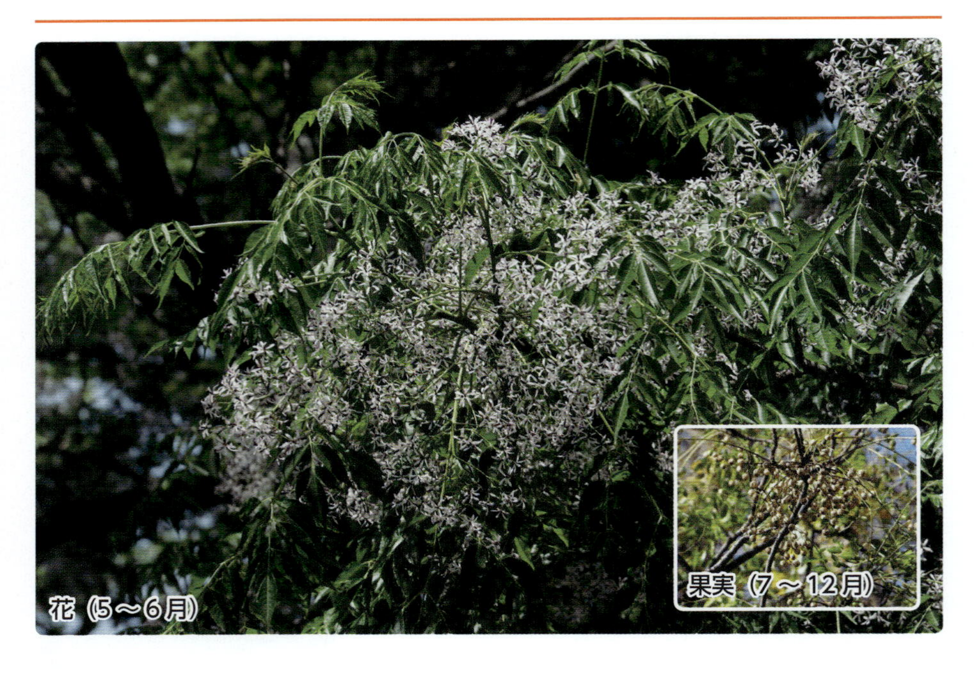

【特徴】

海岸近くの林内に自生します。高さ5～30m。葉は羽状複葉で1枚の葉全体の長さは50cm以上あります。長さ1cmほどの花は淡紫色で、若枝の葉腋から出る花序に多数付きます。果実は径1.5cmほどで、晩秋に黄褐色に熟します。

【有毒部位】

全株。特に果実、樹皮

【成分】

メリアトキシン（meliatoxin）など

【病態・症状】

誤って食べた場合

重度の流涎／吐き気／嘔吐／胃炎／下痢（時に血便）／腹部膨満／心不全／徐脈／呼吸困難／呼吸不全／興奮／ふらつき／震え／ショック／麻痺／脱力／運動失調／けいれん／虚脱／心停止

死亡する可能性もあります。

【最初の対応】

摂取量によっては命にかかわります。緊急治療が必要になる可能性があるので、様子を見ずに、ただちに動物病院を受診しましょう。

アオイ科

アブチロンの仲間

【学名】*Abutilon*　【和名】イチビ属

ペットへの有毒性

毒性タイプ

屋内

花壇

ウキツリボク

【特徴と主な種類】

以下の種類がよく栽培されます。

◆ **アブチロン**

高さ 2m ほど。花は広鐘形、径 5cm ほど。赤、橙、サーモンピンク、黄、白などの栽培品種が知られます。鉢物として利用されます。

◆ **ウキツリボク**

高さ 1.5m ほど。花は径 3cm ほどで、垂れ下がります。萼は紅色、花冠は黄色。斑入り葉の'バリエガタム'が知られます。寒さに強いので、暖地では庭木として利用されます。

【有毒部位】

葉

【成分】

明らかではありません。

【病態・症状】

誤って触れた場合

皮膚炎

アブチロン

【最初の対応】

皮膚に触れた場合は、10 分程度水で洗って汁液などを取りのぞき、赤みや発疹が現れたら動物病院を受診してください。

アオイ科

ハイビスカスの仲間

【学名】*Hibiscus*　【和名】フヨウ属　【英名】hibiscus, rose mallow

ペットへの有毒性

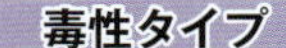

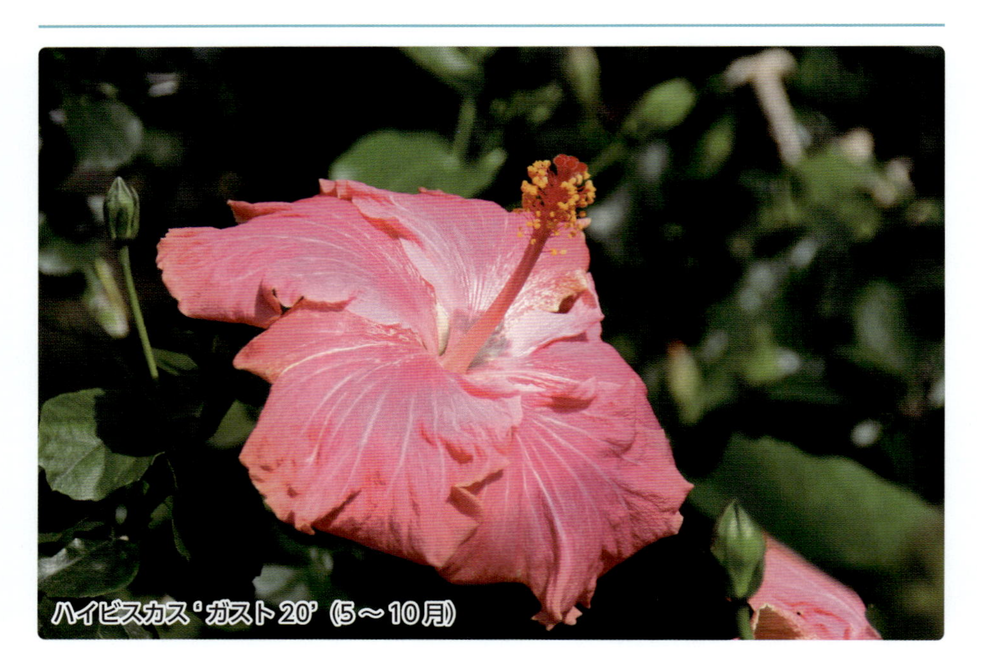

ハイビスカス 'ガスト20'（5～10月）

【特徴と主な種類】

◆ **ハイビスカス**

一般にハイビスカスと呼ばれる色鮮やかな大輪の栽培品種群は、ハワイで20世紀初頭から本格的に育種がはじまったハワイアン・ハイビスカスのことです。後述するブッソウゲなどを交雑親としています。多くの栽培品種が知られます。

◆ **アメリカフヨウ**

高さ50～160cm。直径30cmほどの大きな花が特徴です。本種とモミジアオイとの交雑により、タイタンビカスが育成されています。

◆ **フヨウ**

高さ2mほど。花は白色からピンク色、径8～10cmで、朝に開き夕方にはしぼむ一日花です。スイフヨウは八重咲きで、咲き始めが白色で、次第に紅色に変化します。

ハイビスカス 'マーキュリー'

アメリカフヨウ（7～9月）

フヨウ（8～10月）

ブッソウゲ（6～9月）

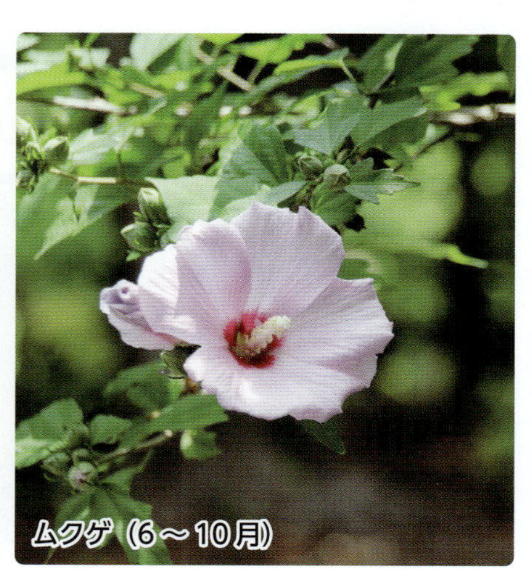
ムクゲ（6～10月）

◆ **ブッソウゲ**
高さ2～5m。花はふつう紅色で、径9～15cm。沖縄では赤花と呼ばれ、生け垣によく使用されます。

◆ **ムクゲ**
高さ3mほど。花は径6～10cmで、朝開いて夕方にはしぼむ一日花です。多くの栽培品種があります。日本では茶花として親しまれています。アメリカ動物虐待防止協会（ASPCA）の情報では無毒とされていますが、注意するほうが無難です。

【有毒部位】
全株

【成分】
明らかではありません。

【病態・症状】
イヌが好んで食べるとの報告があります。

誤って食べた場合
流涎／嘔吐（時に吐血）／下痢（時に血便）／脱水／沈うつ／食欲不振

【最初の対応】
摂取量が少なければ中毒になる可能性は高くありませんが、万が一を考えて、すみやかに動物病院を受診しましょう。

ジンチョウゲ科

ジンチョウゲの仲間

【学名】*Daphne*　【和名】ジンチョウゲ　【英名】winter daphne

ペットへの有毒性

毒性タイプ

場所

花壇

市街地

ジンチョウゲ（2～4月）

【特徴と主な種類】

◆ ジンチョウゲ

別名はチンチョウゲ。雌雄異株。高さ 1m ほどで、株元からよく分枝し、自然に半球状の樹形となります。葉は厚く、光沢があり、倒披針形です。花は 2 ～ 3 月に、枝先で頭状に集まって付きます。花は白色～淡紫色で、沈香に似た香りがあります。春を呼ぶ香りの良い庭木として知られます。

◆ フジモドキ

別名はチョウジザクラ。雌雄同株。高さ 1m ほど。葉が展開する前に、淡紫色の花を小枝の先に 3 ～ 8 個付けます。

フジモドキ（3～5月）

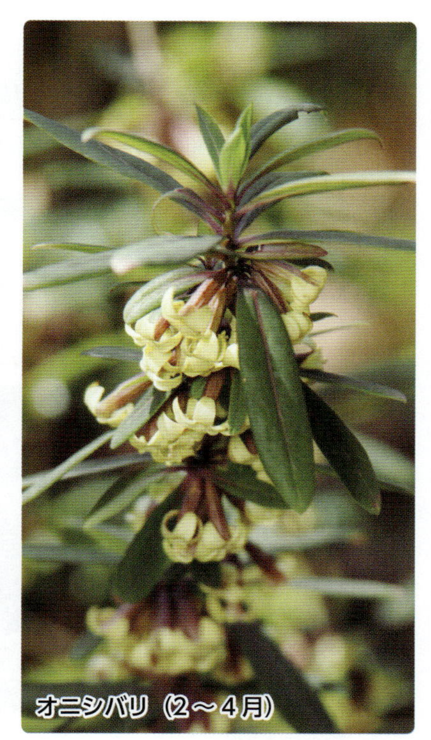

オニシバリ（2～4月）

セイヨウオニシバリ（2～3月）

（オットー・ヴィルヘルム・トーメ『学校や家庭のためのドイツ、オーストリア、スイスの植物』〔1885〕より）

◆ **セイヨウオニシバリ**

高さ1～1.5m。花は紫紅色で、芳香があり、茎の上部の葉腋に付きます。葉が生じる前の2～3月に開花します。果実は径1cmほどで、赤色に熟します。

◆ **オニシバリ**

雌雄異株。別名はナツボウズ。高さ0.5～1.5m。秋遅くから初夏までは葉がありますが、7～8月ごろに落葉するため、別名であるナツボウズ（夏坊主）の由来となっています。花は黄緑色で、葉腋に2～10個が集まって付きます。

【有毒部位】

全株。特に葉、果実

【成分】

種類により、クマリンの一種のダフネチン(daphnetin)、ジテルペノイド（diterpenoid）のメゼレイン（mezerein）、ゲンクワニン(genkwanin)、ダフネトキシン（daphnetoxin）など

【病態・症状】

誤って触れた場合　皮膚炎

誤って食べた場合

口唇や舌の痛みや炎症／口渇／吐き気／吐血／腹痛／下痢（血便）／胃腸炎／嚥下困難／心不全／頻脈／高血圧／腎臓病／内出血／衰弱／けいれん／昏睡／ショック

死亡する可能性もあります。

【最初の対応】

皮膚に触れたら10分程度水で洗い、赤みや発疹が現れた場合は動物病院を受診してください。食べた場合、量によっては命にかかわります。緊急治療が必要になる可能性があるので、様子を見ずに、ただちに動物病院を受診しましょう。

アジサイ科

アジサイの仲間

【学名】*Hydrangea*　【和名】アジサイ属　【英名】hortensia

ペットへの有毒性

アジサイ'ロシタ'（6～7月）

ウズアジサイ（6～7月）

【特徴と主な種類】

以下の種類が庭木や公園樹、鉢花として利用されています。

◆ **ガクアジサイ**

アジサイの原種と考えられ、花序の中央部に雄しべと雌しべがある両性花が球状に集まり、周辺部に額縁状に装飾花が付きます。

◆ **アジサイ**

ガクアジサイの花序全体が装飾花に変化したものです。18 世紀に中国を経由してイギリスに導入されました。品種改良が進んで花が大きく、花色も鮮やかになって日本に逆輸入され、西洋アジサイやハイドランジアと呼ばれるようになりました。ウズアジサイは萼片が内側に丸まり、渦が巻いているように見える園芸品種です。

◆ **ヤマアジサイ**

高さ 1m ほど。江戸時代から栽培されています。ヤマアジサイのうち、甘味の成分である

ガクアジサイ（5～7月）

ヤマアジサイ（5～7月）

アメリカノリノキ（6～7月）
‘アナベル’

カシワバアジサイ（5～7月）
‘スノーフレーク’

フィロズルチン配糖体の含量が多い系統をアマチャと呼んで、お茶の「甘茶」として利用しています。

◆ アメリカノリノキ

高さ1～3m。花序は径5～10cm。白色の花が多数付きます。‘アナベル’は花序が径30cmほどになり、よく栽培されています。

◆ カシワバアジサイ

高さ1～2m。花は白色。‘スノーフレーク’は八重咲き品種で、花は最初緑色で白色になります。

【有毒部位】

全株。特に葉、根、蕾

【成分】

明らかになっていません。

【病態・症状】

誤って食べた場合

嘔吐／胃腸炎／腹痛／下痢（時に血便）／頻脈／呼吸促迫／けいれん／高体温／沈うつ／食欲不振

【最初の対応】

摂取量によっては命にかかわります。緊急治療が必要になる可能性があるので、様子を見ずに、ただちに動物病院を受診しましょう。

エゴノキ科

エゴノキ（チシャノキ、ロクロギ）

【学名】*Styrax japonicus*　【英名】Japanese snowbell

ペットへの有毒性

毒性タイプ

中

場所

花壇　市街地　山間部

果実（9～10月）

花（5～6月）

【特徴】

高さ7～15m。白色の花は径2.5cmほどで、房状に下向きに1～6個付き、芳香があります。果実は長さ1～1.3cmで、熟すと褐色の果皮が裂けて、黒褐色の種子1個が露出します。和名は果実を口に入れると喉や舌を刺激してえぐい（えごい）ことに由来しています。

【有毒部位】

果皮

【成分】

エゴサポニン（egosaponin）

【病態・症状】

誤って食べた場合

口腔・喉の炎症／胃腸炎／腹痛／溶血性貧血

【最初の対応】

中毒量を摂取した場合は、中毒症状が発現する可能性があります。すぐに動物病院を受診しましょう。

ツツジ科

カルミア

【学名】*Kalmia latifolia*　【和名】アメリカシャクナゲ　【英名】calico-bush, mountain-laurel, spoonwood

ペットへの有毒性

毒性タイプ

場所

花（5月）
蕾

【特徴】

高さ 1 ～ 10m。枝先の集散花序に径 2cm ほどの花を多数付けます。花は椀状で、先は 5 裂し、内側基部に紅色から紫紅色の斑点が入ります。蕾は金平糖のようです。庭や公園に植えられたり、切花に利用されたりします。

【有毒部位】

全株。特に葉、花と花蜜

【成分】

ツツジ科特有の有毒成分ジテルペンのグラヤノトキシン類（grayanotoxin）

【病態・症状】

誤って触れた場合

視覚障害／アレルギー性皮膚炎

誤って食べた場合

口腔の激しい痛み／視覚異常／重度の流涎／吐き気／嘔吐／胃腸炎／下痢／出血／徐脈／低血圧／呼吸困難／筋力低下／沈うつ

【最初の対応】

皮膚に触れたら 10 分程度水で洗い、赤みや発疹が現れた場合は動物病院を受診してください。食べた場合、量によっては命にかかわります。緊急治療が必要になる可能性があるので、様子を見ずに、ただちに動物病院を受診しましょう。

ツツジ科

アメリカイワナンテン（セイヨウイワナンテン）

【学名】*Leucothoe fontanesiana*　【英名】fetter bush

ペットへの有毒性

場所

花壇

市街地

アメリカイワナンテン‘レインボー’

花（4～5月）

【特徴】

高さ 0.5 ～ 1.5m。枝先はやや枝垂れます。花は小さく壺形で、白色。葉に斑が入る栽培品種の‘レインボー’などがよく栽培され、グランドカバープランツとしてよく利用されています。

【有毒部位】

葉、花蜜

【成分】

ツツジ科特有の有毒成分ジテルペンのグラヤノトキシン類（grayanotoxin）

【病態・症状】

誤って食べた場合

重度の流涎／吐き気／嘔吐／腹痛／下痢／徐脈／心毒性／麻痺／沈うつ／けいれん／昏睡

【最初の対応】

摂取量によっては命にかかわります。緊急治療が必要になる可能性があるので、様子を見ずに、ただちに動物病院を受診しましょう。

ツツジ科

アセビ

【学名】*Pieris japonica*　【英名】lily-of-the-valley bush

ペットへの有毒性

場所

【特徴】

高さ1～3m。枝先に多数の花を付け、垂れ下がります。花は長さ7mmほどと小さく、スズランのような壺型で、下向きに咲きます。栽培品種の'クリスマス・チア'はピンク色の花を咲かせます。

【有毒部位】

全株。特に葉、花、花蜜

【成分】

ツツジ科特有の有毒成分ジテルペンのグラヤノトキシン類（grayanotoxin）

【病態・症状】

誤って触れた場合　アレルギー性皮膚炎
誤って食べた場合　重度の流涎／吐き気／嘔吐／下痢／胃腸炎／けいれん／視覚異常／低血圧／徐脈／不整脈／出血／筋力低下／運動失調／呼吸麻痺／虚脱／昏睡
死亡する可能性もあります。

【最初の対応】

皮膚に触れたら10分程度水で洗い、赤みや発疹が現れた場合は動物病院を受診してください。食べた場合、量によっては命にかかわります。緊急治療が必要になる可能性があるので、様子を見ずに、ただちに動物病院を受診しましょう。

ツツジ科

ツツジ・シャクナゲの仲間

【学名】*Rhododendron*　【和名】ツツジ属　【英名】azalea, rhododendron

ペットへの有毒性

毒性タイプ

場所

屋内　花壇　市街地　山間部

レンゲツツジ（5～6月）

【特徴と主な種類】

ツツジと総称されるものは主に落葉性または半落葉性です。シャクナゲと総称されるものは常緑性で葉には光沢があり、花が枝先にまとまって多数付くとされますが、例外もあります。ツツジ属すべてが有毒ではなく、以下のものが有毒です。

◆ レンゲツツジ

高さ 1 ～ 2m。新葉に先だって枝先に総状花序を出し、2 ～ 8 個の花を付けます。花色は朱橙色。花色が黄色のものは品種のキレンゲツツジです。

◆ アザレア

ヨーロッパで品種改良された、温室促成栽培

キレンゲツツジ(5～6月)

アザレア（4～5月）

ホンシャクナゲ（4～6月）

セイヨウシャクナゲ'火祭'（4～6月）

用の鉢物の栽培品種群です。主にベルギーで改良されたベルジアンアザレアを、日本では「アザレア」と称しています。

◆ **ホンシャクナゲ**

高さ2～7m。花は紅紫色から淡紅紫色でまれに白色があり、径約5cm。10～15個の花を横向きに付けます。

◆ **セイヨウシャクナゲ**

17世紀にイギリスで品種改良がはじまり、19～20世紀には中国奥地やヒマラヤで新種が発見されたことから、品種改良が進みました。多数の栽培品種が知られます。

【有毒部位】

全株。特に葉と花蜜

【成分】

ツツジ科特有の有毒成分ジテルペンのグラヤノトキシン類（grayanotoxin）

【病態・症状】

誤って食べた場合

口腔の激しい痛み／重度の流涎／吐き気／嘔吐／胃炎／腹痛／下痢／不整脈／低血圧／呼吸困難／視覚障害／筋力低下／中枢神経系の異常／震え／けいれん／食欲不振／虚脱／昏睡

死亡する可能性もあります。

【最初の対応】

摂取量によっては命にかかわります。緊急治療が必要になる可能性があるので、様子を見ずに、ただちに動物病院を受診しましょう。

ツツジ科

チェッカーベリー

【学名】*Gaultheria procumbens*　【和名】ヒメコウジ　【英名】eastern teaberry, checkerberry

ペットへの有毒性

毒性タイプ

場所

屋内

花壇

果実（11～12月）

【特徴】

高さ10～15cm。葉は卵形から楕円形で、長さ2～5cm。鐘形の花は白色で、長さ5mmほど。赤く目立つ果実は径1cmほど。果実を観賞するために鉢物などで栽培されます。果実は冬季に色付くため、クリスマスや正月の飾り付けによく用いられます。

【有毒部位】

精油

【成分】

ジテルペン（diterpene）、サリチル酸メチル（methyl salicylate）

【病態・症状】

誤って触れた場合

皮膚炎

誤って食べた場合

呼吸麻痺／麻痺／腎臓病／肝障害

死亡する可能性もあります。

【最初の対応】

皮膚に触れたら10分程度水で洗い、赤みや発疹が現れた場合は動物病院を受診してください。食べた場合、量によっては命にかかわります。緊急治療が必要になる可能性があるので、様子を見ずに、ただちに動物病院を受診しましょう。

キョウチクトウ科

キョウチクトウ

【学名】*Nerium oleander*　【異名】*Nerium oleander* var. *indicum*　【英名】oleander, rose bay

ペットへの有毒性

毒性タイプ

場所

花壇

市街地

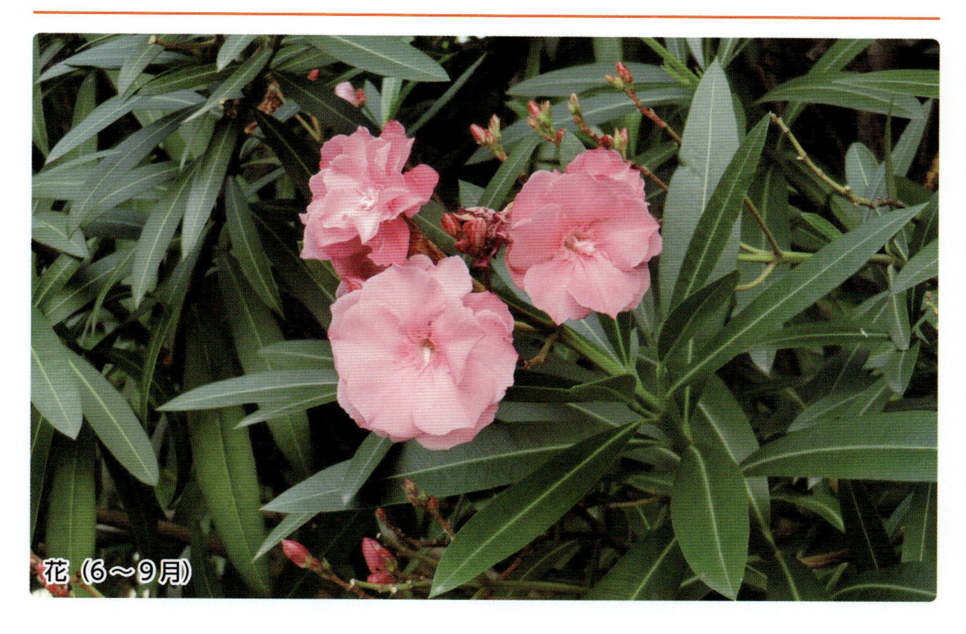
花（6～9月）

【特徴】

高さ 3 ～ 5m。花は枝先に付きます。色は淡紅色、紅色、白色などで、八重咲き品種も知られます。茎葉を傷つけると、ラテックスと呼ばれる乳液が出ます。排気ガスに強く、街路樹や公園樹、生垣などによく用います。

【有毒部位】

全株。特に白色の乳液、種子

【成分】

強心配糖体オレアンドリン（oleandrin）など

【病態・症状】

誤って触れた場合　皮膚炎

誤って食べた場合　重度の流涎／吐き気／嘔吐／腹痛／下痢（時に血便）／不整脈／徐脈／低血圧／チアノーゼ／低体温／四肢の冷感／興奮／元気消失／震え／麻痺／沈うつ／けいれん／虚脱／嗜眠／昏睡

死亡する可能性もあります。

【最初の対応】

皮膚に触れたら 10 分程度水で洗い、赤みや発疹が現れた場合は動物病院を受診してください。食べた場合、量によっては命にかかわります。緊急治療が必要になる可能性があるので、様子を見ずに、ただちに動物病院を受診しましょう。

ナス科

ブルグマンシアの仲間（エンジェルズトランペット）

【学名】*Brugmansia*　【和名】キダチチョウセンアサガオ属　【英名】angel's trumpet

ペットへの有毒性

毒性タイプ

場所

花壇

市街地

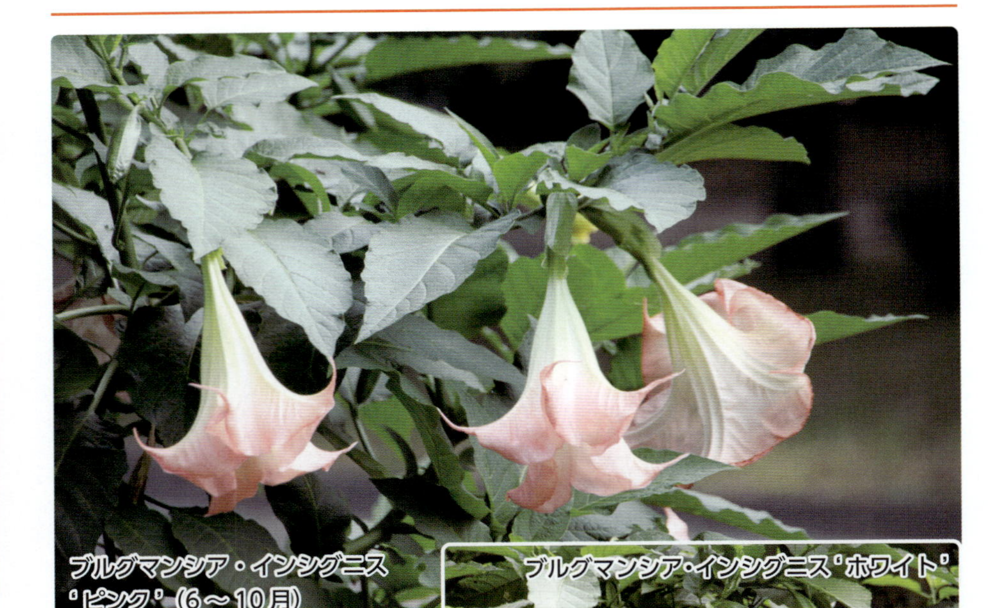

ブルグマンシア・インシグニス‘ピンク’（6～10月）

ブルグマンシア・インシグニス‘ホワイト’

【特徴と主な種類】

低木または高木で、ラッパ状または漏斗状の花が垂れ下がって咲きます。近縁のダチュラの仲間（P210）は、花が直立して咲きます。寒さに弱いので、高温期の庭や公園などのシンボルツリーとして栽培されていましたが、近年は有毒植物であることから少なくなっています。

◆ **ブルグマンシア・インシグニス**

花は長さ 35 ～ 40cm ほどと大きく、花色が淡桃色の‘ピンク’や、白色の‘ホワイト’があり、よく栽培されています。

◆ **キダチチョウセンアサガオ**

花は淡黄色から淡紅色と変化し、長さ 24 ～ 35cm ほどと大きいものです。夜間、花から芳香を放ちます。白色花もあります。

◆ **ブルグマンシア・ウェルシコロル**

花は長さ 50cm で、花色は淡橙色から杏色に

キダチチョウセンアサガオ（6～11月）

ブルグマンシア・
カンディダ（6～11月）

ブルグマンシア・
ウェルシコロル（6～11月）

変化します。

◆ **ブルグマンシア・カンディダ**

花は 23 ～ 33cm ほどで、芳香があります。花色は白色からアプリコット色、ピンク色。八重咲きの栽培品種も知られます。

【有毒部位】

全株

【成分】

アルカロイドのヒヨスチアミン（hyoscyamine）、スコポラミン（scopolamine）などの幻覚性トロパンアルカロイド

【病態・症状】

誤って食べた場合　瞳孔散大／激しい口渇／吐き気／嘔吐／下痢／便秘／頻尿または乏尿・無尿／頻脈／呼吸困難／視覚障害／興奮／神経症状／神経過敏／けいれん／脱力／沈うつ／昏睡／心停止

死亡する可能性もあります。

【最初の対応】

摂取量によっては命にかかわります。緊急治療が必要になる可能性があるので、様子を見ずに、ただちに動物病院を受診しましょう。

ナス科

ツノナス（キツネナス、フォックスフェイス）

【学名】*Solanum mammosum*　【英名】nipplefruit

ペットへの有毒性

毒性タイプ

場所

屋内　花壇　市街地

ツノナス（10～12月）

花（6月）

【特徴】

高さ1mほど。6月ごろ、葉の付け根に少数の紫色の花を付けます。黄色から橙色の果実は長さ5cmほどで、基部に2～5個の乳頭状突起があります。フォックスフェイスの別名は、果実がキツネに似ることによる和製英語です。完熟した果実期に、葉を落とした状態で花材として利用しています。

【有毒部位】

果実

【成分】

有毒成分であるソラニン（solanine）や、ソラマージン（solamargine）、グリコアルカロイド（glycoalkaloid）

【病態・症状】

誤って食べた場合

瞳孔散大／重度の胃腸炎／流涎／下痢／呼吸困難／不整脈／徐脈／錯乱／元気消失／食欲不振／震え／けいれん／昏睡

死亡する可能性もあります。

【最初の対応】

摂取量によっては命にかかわります。緊急治療が必要になる可能性があるので、様子を見ずに、ただちに動物病院を受診しましょう。

ナス科

フユサンゴ（タマサンゴ）

【学名】*Solanum pseudocapsicum*
【英名】Jerusalem cherry, Madeira winter cherry, winter cherry

ペットへの有毒性

毒性タイプ

場所

花壇

市街地

果実（8～12月）

フユサンゴ‘バリエガタ’

【特徴】

高さ 50 ～ 100cm。花は白色で、夏から秋に開花します。果実は球形で、径 1cm ほど。なかなか落果しないので、長期間に渡り果実を観賞することができます。葉に斑が入る栽培品種‘バリエガタ’が知られます。観賞用に栽培されるとともに、温暖地では野生化しています。

【有毒部位】

葉、果実

【成分】

ソラノカプシン（solanocapsine）などのステロイド系アルカロイド

【病態・症状】

誤って食べた場合

瞳孔散大／口渇／嘔吐／頻脈／高血圧／不整脈／筋力低下／呼吸困難／興奮／ふらつき／めまい／神経症状／けいれん／ショック／昏睡

死亡する可能性もあります。

【最初の対応】

摂取量によっては命にかかわります。緊急治療が必要になる可能性があるので、様子を見ずに、ただちに動物病院を受診しましょう。

ナス科

ニオイバンマツリの仲間

【学名】*Brunfelsia*　【和名】バンマツリ属　【英名】raintree, yesterday-today-tomorrow

ペットへの有毒性

毒性タイプ

場所

屋内　花壇　市街地

ニオイバンマツリ（4～7月）

ブルンフェルシア・パウキフロラ（5～8月）

【特徴と主な種類】

◆ **ニオイバンマツリ**

高さ 3m ほど。花の喉部には白色輪があり、径 4 ～ 4.5cm ほど。花色ははじめ紫色で、後に白色になります。特に夜間に芳香を放ちます。日本の温暖地では戸外でも越冬するため、近年はガーデニング素材として人気が高くなっています。

◆ **ブルンフェルシア・パウキフロラ**

花径は 5cm と前種に比べて大きく、寒さに弱いため、温室で栽培されます。

【有毒部位】

全株。特に果実

【成分】

ブルンフェルサミジン（brunfelsamidine）など

【病態・症状】

誤って食べた場合

重度の流涎／嘔吐／下痢／頻尿／ふらつき／震え／運動失調／けいれん／沈うつ／徐脈／浅くて早い呼吸／肝障害

死亡する可能性もあります。

【最初の対応】

摂取量によっては命にかかわります。緊急治療が必要になる可能性があるので、様子を見ずに、ただちに動物病院を受診しましょう。

ナス科

ヤコウボク

【学名】*Cestrum nocturnum*　【英名】lady of the night, night-blooming jasmine

ペットへの有毒性　毒性タイプ　高　場所　花壇　市街地

花（5～10月）

【特徴】

高さ4mほど。葉は狭披針形で、長さ13cmほど。葉腋から黄緑色の花を多数付けます。花は筒状で、長さ2.5cmほど。夜間に芳香を放ちます。果実は球形で白色、径8mmほどです。鉢物として利用されています。

【有毒部位】

全株。特に葉や果実、汁液

【成分】

ソラニン（solanine)、糖アルカロイド（glyco-alkaloids)、ヘパトトキシン（hepatotoxins）など

【病態・症状】

誤って食べた場合

瞳孔散大／流涎／吐き気／嘔吐／胃腸炎／腹痛／下痢（血便）／頻脈または徐脈／低血圧／筋力低下／高体温／強直／興奮／ふらつき／けいれん／神経症状／異常行動／神経過敏／震え／麻痺／黄疸／沈うつ／昏睡

死亡する可能性もあります。

【最初の対応】

摂取量によっては命にかかわります。緊急治療が必要になる可能性があるので、様子を見ずに、ただちに動物病院を受診しましょう。

モクセイ科

イボタノキの仲間

【学名】*Ligustrum*　【和名】イボタノキ属　【英名】privet

ペットへの有毒性

毒性タイプ

場所

【特徴と主な種類】

◆ **ネズミモチ**

高さ 5 ～ 8m。林などに自生するほか、丈夫なため街路樹や生け垣に利用されます。果実は晩秋に黒く熟し、ネズミの糞に似ているのが和名の由来です。

◆ **イボタノキ**

高さ 1 ～ 2m。日本各地の山野に自生し、庭などにも植栽されます。ライラックの台木として利用されます。

◆ **セイヨウイボタ**

別名はヨウシュイボタ、プリベット。高さ 1.5 ～ 2m。丈夫で刈込に耐えるため、住居周りや道路沿いなどによく植栽されています。

【有毒部位】

全株。特に果実

【成分】

配糖体のシリンギン（syringin）など

【病態・症状】

誤って食べた場合　皮膚の冷感／嘔吐（吐血）／激しい腹痛／胃腸炎／下痢／衰弱／ショック／腎臓病

【最初の対応】

摂取量によっては命にかかわります。緊急治療が必要になる可能性があるので、様子を見ずに、ただちに動物病院を受診しましょう。

クマツヅラ科

デュランタ（ドゥランタ）

【学名】*Duranta erecta*　【和名】ハリマツリ　【英名】golden dewdrop, pigeon berry

ペットへの有毒性

毒性タイプ

場所

花壇

市街地

花（5～10月）

果実（8～10月）

【特徴】

高さ2～6mになる常緑低木。花は多数が房状に下垂して付きます。花色は濃青紫色で、白花品種も知られます。果実はすぐに熟して濃黄色になります。温度さえあれば周年開花します。

【有毒部位】

果実と葉

【成分】

サポニンまたはアルカロイドと考えられていますが、確実ではありません。

【病態・症状】

誤って食べた場合

嘔吐（吐血）／下痢（血便）／筋力低下／元気消失／ふらつき／けいれん／起立困難／嗜眠

【最初の対応】

摂取量によっては命にかかわります。緊急治療が必要になる可能性があるので、様子を見ずに、ただちに動物病院を受診しましょう。

クマツヅラ科

ランタナの仲間

【学名】*Lantana*　【和名】シチヘンゲ属　【英名】shrub verbena, lantana

ペットへの有毒性

毒性タイプ

場所

花壇　市街地

【特徴と主な種類】

◆ **ランタナ**

高さ 2m ほど。花は半球状に付きます。花径は 1cm ほど。花色は黄色や橙色などで、後に赤色などに変化します。果実は、熟すと黒みを帯びます。花壇や鉢物として利用されるほか、各地で逸出して野生化しています。

◆ **コバノランタナ**

茎が匍匐状に伸び、グランドカバーとして利用されます。花は淡紅紫色から紫色。

【有毒部位】

緑色の未熟果と葉

【成分】

トリテルペン (triterpenoid) のランタデン A、B、C（lantadene A, B, C)

【病態・症状】

誤って触れた場合　光接触皮膚炎

誤って食べた場合　嘔吐／下痢（血便）／胃腸炎／黄疸による黄色～褐色の尿／食欲不振／瞳孔散大もしくは縮小／脱水／便秘／光線性皮膚炎／循環障害／チアノーゼ／呼吸困難／筋力低下／衰弱／虚脱／元気消失／腎臓病／肝障害／黄疸／意識喪失

死亡する可能性もあります。

【最初の対応】

皮膚に触れたら 10 分程度水で洗い、赤みや発疹が現れた場合は動物病院を受診してください。食べた場合、量によっては命にかかわります。緊急治療が必要になる可能性があるので、様子を見ずに、ただちに動物病院を受診しましょう。

モチノキ科

セイヨウヒイラギ

【学名】*Ilex aquifolium*　【英名】holly, common holly, English holly , Christmas holly

ペットへの有毒性

屋内　花壇　市街地

【特徴】

高さ6～8m。雌雄異株。葉は楕円形で光沢があり、葉の縁に鋭い鋸歯(きょし)があります。ヒイラギの葉に似ていますが、ヒイラギがモクセイ科で葉が対生であるのに対し、本種は葉が互生します。11月ごろに果実が赤く熟すところから、「クリスマス・ホーリー」と呼ばれ、リースなどの装飾用として利用されます。

【有毒部位】

果実、種子

【成分】

サポニンのイリチン（Illicin）など、トリテルペノイド（triterpenoids）

【病態・症状】

誤って食べた場合

吐き気／嘔吐／胃腸炎／下痢／ふらつき／震え／運動失調／脱力／けいれん／沈うつ／虚脱

【最初の対応】

摂取量によっては命にかかわります。緊急治療が必要になる可能性があるので、様子を見ずに、ただちに動物病院を受診しましょう。

ウコギ科

カクレミノ

【学名】*Dendropanax trifidus*

ペットへの有毒性

毒性タイプ

場所

花壇

市街地

若枝の葉

花の付く枝の葉

【特徴】

高さ5～7m。若枝の葉は卵円形で3～5裂し、花の付く枝の葉は長楕円形～卵状楕円形、長さ5～14cm。7～8月に、小さな淡黄色や緑色の花を枝先に付けます。日陰でもよく生育するので、茶庭や日陰の庭木、玄関脇によく植えられます。

【有毒部位】

葉

【成分】

アレルゲンとなるファルカリノール (falcarinol)

【病態・症状】

誤って触れた場合
アレルギー性皮膚炎

【最初の対応】

皮膚に触れた場合は、10分程度水で洗って汁液などを取りのぞき、赤みや発疹が現れたら動物病院を受診してください。

ウコギ科

ヤツデ

【学名】*Fatsia japonica*　【英名】false castor oil plant, glossy-leaf paper plant, paperplant, Japanese aralia

ペットへの有毒性

毒性タイプ

場所

花壇

市街地

花（10～12月）

【特徴】

高さ 1.5 ～ 3m。地際からよく枝分かれします。葉は 5 ～ 9 深裂し、長さ 10 ～ 30cm で、天狗のウチワを思わせます。葉に斑紋が入る栽培品種が知られます。白色の花は枝先に多数付きます。日陰でもよく生育し、庭木としてよく栽培されます。和名のヤツデは、葉に掌状の深い切れ込みがあることに由来しています。

【有毒部位】

葉

【成分】

アレルゲンとなるファルカリノール (falcarinol)

【病態・症状】

誤って触れた場合

アレルギー性皮膚炎

【最初の対応】

皮膚に触れた場合は、10 分程度水で洗って汁液などを取りのぞき、赤みや発疹が現れたら動物病院を受診してください。

ウコギ科

シェフレラの仲間

【学名】*Schefflera*　【和名】フカノキ属

ペットへの有毒性

毒性タイプ

場所

屋内

花壇

【特徴と主な種類】

観葉植物として利用されています。葉は掌状複葉で、1枚の葉のように見える小葉(しょうよう)で構成されます。

◆ シェフレラ

小葉は7～9個で、長さ8～10cmほど。'ホンコン'は最も一般的で、小葉はやや肉厚で丸みがあります。葉に黄白色の斑が入る'ホンコン・バリエガタ'が知られます。暖地では戸外でも栽培されます。

◆ ブラッサイア

大きな小葉は7～16個で、長さ10～30cm。光沢があります。

【有毒部位】

全株。特に葉

【成分】

アレルゲンとなるファルカリノール（falcarinol）と、おそらくシュウ酸カルシウム結晶（calcium oxalate crystal）

【病態・症状】

誤って触れた場合　皮膚炎／アレルギー性皮膚炎

誤って食べた場合　口腔・口唇・咽喉頭の激しい痛みと炎症／嘔吐／腹痛／心臓病／呼吸障害／ふらつき／震え／運動失調／食欲不振／腎臓病

【最初の対応】

皮膚に触れたら10分程度水で洗い、赤みや発疹が現れた場合は動物病院を受診してください。食べた場合、量によっては命にかかわります。緊急治療が必要になる可能性があるので、様子を見ずに、ただちに動物病院を受診しましょう。

ウコギ科

ポリスキアスの仲間

【学名】*Polyscias*　【和名】タイワンモミジ属

ペットへの有毒性

毒性タイプ

場所

屋内

オオバアラリア

ポリスキアス・バルフォリアナ'マルギナタ'

【特徴と主な種類】

観葉植物として利用されています。

◆ **ポリスキアス・バルフォリアナ**

葉はふつう3出複葉で、時に単葉が生じます。葉に白色覆輪が入る'マルギナタ'などがよく栽培されます。

◆ **オオバアラリア**

葉は1回羽状複葉で、小葉は卵形〜円形です。

【有毒部位】

全株

【成分】

サポニンの一種と、アレルゲンとなるファルカリノール（falcarinol）

【病態・症状】

誤って触れた場合

皮膚炎

誤って食べた場合

口腔の痛み／瞳孔散大／吐き気／嘔吐／腹痛

【最初の対応】

皮膚に触れたら10分程度水で洗い、赤みや発疹が現れた場合は動物病院を受診してください。食べた場合、量が少なければ中毒になる可能性は高くありませんが、万が一を考えてすみやかに動物病院を受診しましょう。

マメ科

オウコチョウ

【学名】*Caesalpinia pulcherrima*　【英名】poinciana, peacock flower, pride of Barbados

ペットへの有毒性

場所

花壇　市街地
※沖縄など

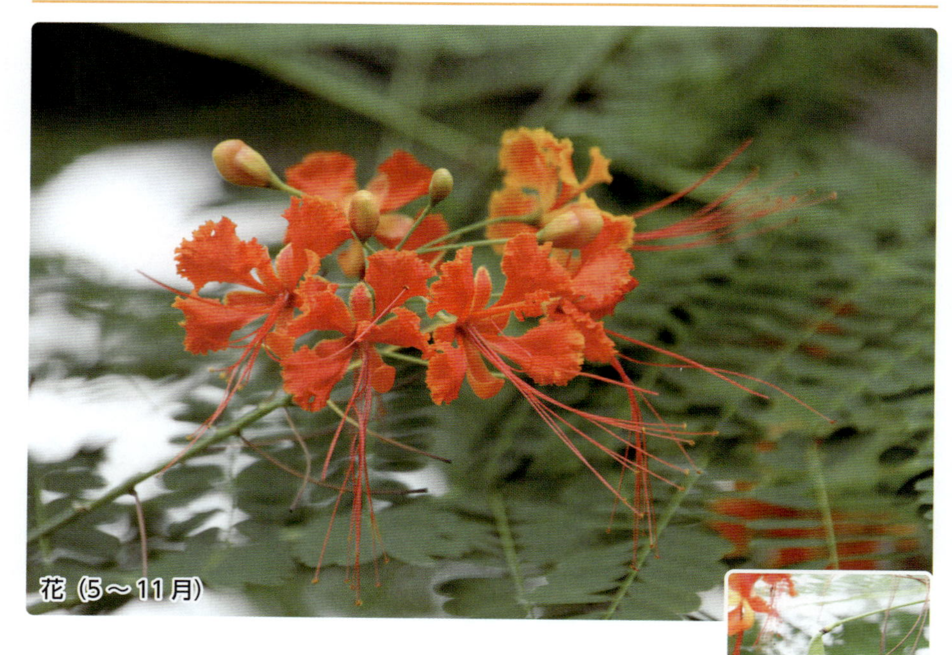

花（5～11月）

果実

【特徴】

高さ2～3m。葉は羽状複葉で、長さ30cmほど。花は径5cmほどで、橙色です。黄花品種も知られます。果実は扁平で、長さ10cmほど。

【有毒部位】

全株。特に果実と種子

【成分】

タンニンの一種のガロタンニン（gallotannins）、ジテルペノイド（diterpenoids）

【病態・症状】

誤って食べた場合
嘔吐／下痢／腹痛

【最初の対応】

中毒量を摂取した場合は、中毒症状が発現する可能性があります。すぐに動物病院を受診しましょう。

マメ科

ゴールデン・シャワー

【学名】*Cassia fistula*　【和名】ナンバンサイカチ
【英名】golden shower tree, Indian laburnum, pudding pipe tree

ペットへの有毒性

毒性タイプ

場所

花壇

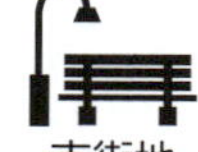
市街地
※沖縄など

【特徴】

高さ10～20m。葉は羽状複葉で、小葉は4～8対。葉腋から多数の花を付けます。鮮黄色の花は径4cmほどで、芳香があります。果実は長さ50cm以上になる円筒形。タイの国花です。

【有毒部位】

果実、種子

【成分】

多様なアントラキノン（anthraquinones）

【病態・症状】

沖縄などでは一般的な庭園樹で、地面に落ちた果実を誤って食べる可能性がありますが、ペットの臨床例は多くありません。

誤って食べた場合

吐き気／腹痛／下痢／けいれん

【最初の対応】

摂取量によっては命にかかわります。緊急治療が必要になる可能性があるので、様子を見ずに、ただちに動物病院を受診しましょう。

マメ科

ホウオウボク

【学名】*Delonix regia*　【英名】flamboyant, peacock flower, flame tree, royal poinciana

ペットへの有毒性

毒性タイプ

場所

花壇　市街地
※沖縄など

花（沖縄などでは6～10月）

果実

【特徴】

高さ 10m になり、樹冠が傘状に広がる樹形です。葉は２回羽状複葉。花は明赤色から橙色で、径７～10cm。熱帯・亜熱帯各地に広く栽培され、特に街路樹としての利用が多く見られます。

【有毒部位】

全株

【成分】

有毒成分は明らかではありません。

【病態・症状】

誤って食べた場合

下痢／筋力低下／衰弱

【最初の対応】

摂取量が少なければ中毒になる可能性は高くありませんが、万が一を考えて、すみやかに動物病院を受診しましょう。

マメ科

デイゴの仲間

【学名】*Erythrina*　【和名】デイゴ属　【英名】coral tree

ペットへの有毒性

場所

※沖縄など

デイゴ（4〜6月）

デイゴの種子

アメリカデイゴ（7〜8月）

【特徴と主な種類】

◆ **アメリカデイゴ**

高さ6mほどで、枝には刺があります。花は黄色味を帯びた赤色。果実は長さ10〜20cm。

◆ **デイゴ**

高さ20m。花は赤紅色で、葉が展開する前に開花します。葉脈に沿って、黄白色や白色の斑が入ることがあります。果実は長さ20〜30cmと大きく、種子は赤褐色です。

【有毒部位】

根、樹皮、茎、葉、果実、生の種子

【成分】

エリスリニン（erythrinine）、ハイパホリン（hypaphorine）、エリソトリン（erysotrine）、エリスラリン（erythraline）などのエリスリナアルカロイド（erythrina alkaloids）

【病態・症状】

誤って食べた場合　嘔吐／腹痛／下痢／筋力低下／麻痺

【最初の対応】

摂取量が少なければ中毒になる可能性は高くありませんが、万が一を考えて、すみやかに動物病院を受診しましょう。

トウダイグサ科

ベニヒモノキの仲間

【学名】*Acalypha*　【和名】エノキグサ属

ペットへの有毒性

毒性タイプ

場所

屋内　花壇　市街地

※沖縄など

ベニヒモノキ（5～10月）

ドワーフ・キャットテール

【特徴と主な種類】

以下のものがよく知られます。

◆ **ベニヒモノキ**　高さ1～4m。葉は広卵形で、長さ15cmほど。赤色の穂状花序は長さ20～30cmで、ひも状に垂れ下がります。和名はその形態に由来します。

◆ **ドワーフ・キャットテール**　匍匐性。茎は基部からよく分枝します。葉は広卵形、長さ5～7cm。長さ7～9cmほどの、赤色の花序に小さな花が多数付きます。鉢花としても利用されます。

【有毒部位】

全株。特に葉、茎に含まれる汁液

【成分】

青酸配糖体（cyanogenic glycoside）、テルペンエステル（terpene ester）

【病態・症状】

誤って触れた場合　皮膚炎／眼への刺激

誤って食べた場合　吐き気／嘔吐／下痢／胃腸炎

【最初の対応】

皮膚に触れたら10分程度水で洗い、赤みや発疹が現れた場合は動物病院を受診してください。食べた場合、量が少なければ中毒になる可能性は高くありませんが、万が一を考えてすみやかに動物病院を受診しましょう。

トウダイグサ科

アカリファ

【学名】*Acalypha wilkesiana*

ペットへの有毒性

毒性タイプ

場所

花壇

市街地

※沖縄など

アカリファ'セイロン'

アカリファ'ジャワ・ホワイト'

【特徴】

高さ4～5mになる低木です。葉は変化に富み、栽培品種によりさまざまな模様が入ります。沖縄などでは花壇などに植栽されます。また、本土でも高温期に花壇などで利用されます。'セイロン'は葉がややねじれ、赤銅色地に淡赤色の覆輪が入ります。'ジャワ・ホワイト'は葉に黄白色と緑色の模様が複雑に入ります。

【有毒部位】

全株。特に葉、茎に含まれる汁液

【成分】

青酸配糖体（cyanogenic glycoside)、テルペンエステル（terpene ester)

【病態・症状】

誤って触れた場合　皮膚炎／眼への刺激
誤って食べた場合　吐き気／嘔吐／下痢／胃腸炎

【最初の対応】

皮膚に触れたら10分程度水で洗い、赤みや発疹が現れた場合は動物病院を受診してください。食べた場合、量が少なければ中毒になる可能性は高くありませんが、万が一を考えてすみやかに動物病院を受診しましょう。

トウダイグサ科

ユーフォルビア・コティニフォリア

【学名】*Euphorbia cotinifolia*　【英名】smoketree spurge, tropical smoke bush

ペットへの有毒性

毒性タイプ

場所

花壇

市街地

※沖縄など

【特徴】

高さ3～4m。葉は卵形で丸みがあり、特徴的な暗赤紫色です。美しい葉を観賞するために、庭木や公園樹などに利用されます。近年、鉢物としても流通され始めています。本種と同属の植物が多数知られます（P93、189、250、251、295）。

【有毒部位】

全株。特に乳液

【成分】

ジテルペンエステル（diterpene ester）のホルボールエステル類（phorbol ester）など。ホルボールエステル類には発がん作用があります。

【病態・症状】

誤って触れた場合　皮膚炎（水疱など）／眼への刺激／結膜炎／角膜潰瘍

誤って食べた場合　吐き気／嘔吐／腹痛／下痢

【最初の対応】

皮膚に触れたら10分程度水で洗い、赤みや発疹が現れた場合は動物病院を受診してください。食べた場合、量が少なければ中毒になる可能性は高くありませんが、万が一を考えてすみやかに動物病院を受診しましょう。

トウダイグサ科

ペディランサス

【学名】*Euphorbia tithymaloides* subsp. *smallii*　【異名】*Pedilanthus tithymaloides*
【英名】redbird flower

ペットへの有毒性

屋内　花壇　市街地
※沖縄など

【特徴】

大きくなると高さ 1 ～ 2m ほどになりますが、一般的には 0.5m ほどです。茎が節ごとにジグザグ状に曲がる特徴があります。栽培品種 ‘バリエガツス’ は緑色地の葉に白と薄赤の斑が入り、よく庭木や公園樹などに利用されています。

【有毒部位】

全株。特に乳液

【成分】

ジテルペンエステル（diterpene ester）のホルボールエステル類（phorbol ester）など。ホルボールエステル類には発がん作用があります。

【病態・症状】

誤って触れた場合　皮膚炎（水疱など）／眼への刺激／結膜炎／角膜潰瘍
誤って食べた場合　吐き気／嘔吐／腹痛／下痢

【最初の対応】

皮膚に触れたら 10 分程度水で洗い、赤みや発疹が現れた場合は動物病院を受診してください。食べた場合、量が少なければ中毒になる可能性は高くありませんが、万が一を考えてすみやかに動物病院を受診しましょう。

トウダイグサ科

テイキンザクラ

【学名】*Jatropha integerrima*　【英名】peregrina, spicy jatropha

ペットへの有毒性

毒性タイプ

場所

花壇

市街地

※沖縄など

花（3～10月）

【特徴】

葉は卵形で全縁、また浅く３裂することもあります。５弁の花は赤色で、よく目立ちます。和名の提琴（ていきん）はバイオリンのことで、葉の形状に由来しています。沖縄などでは庭木や公園樹によく利用されています。

【有毒部位】

全株。特に汁液と種子

【成分】

毒性アルブミン（toxalbumin）のクルシン（curcin）

【病態・症状】

誤って触れた場合

皮膚炎／眼への刺激

誤って食べた場合

吐き気／嘔吐／胃腸炎／腹痛／下痢／けいれん／嗜眠／昏睡

【最初の対応】

皮膚に触れたら10分程度水で洗い、赤みや発疹が現れた場合は動物病院を受診してください。食べた場合、量によっては命にかかわります。緊急治療が必要になる可能性があるので、様子を見ずに、ただちに動物病院を受診しましょう。

トウダイグサ科

サンゴアブラギリ（イモサンゴ、トックリアブラギリ）

【学名】*Jatropha podagrica*　【英名】coral plant

ペットへの有毒性

毒性タイプ

場所

屋内　花壇

※沖縄など

花（6～11月）

果実

【特徴】

茎がとっくり状に肥大します。葉は茎上部より生じ、長い葉柄があり、明るい緑色で掌状に3～5裂します。和名、英名ともに赤い花柄が分岐する様子が赤珊瑚に似ていることに由来しています。

【有毒部位】

全株。特に汁液と種子

【成分】

毒性アルブミン（toxalbumin）のクルシン（curcin）

【病態・症状】

誤って触れた場合

皮膚炎／眼への刺激

誤って食べた場合

吐き気／嘔吐／胃腸炎／腹痛／下痢／けいれん／嗜眠／昏睡

【最初の対応】

皮膚に触れたら10分程度水で洗い、赤みや発疹が現れた場合は動物病院を受診してください。食べた場合、量によっては命にかかわります。緊急治療が必要になる可能性があるので、様子を見ずに、ただちに動物病院を受診しましょう。

トウダイグサ科

キャッサバ

【学名】*Manihot esculenta*　【英名】cassava

ペットへの有毒性

※沖縄など

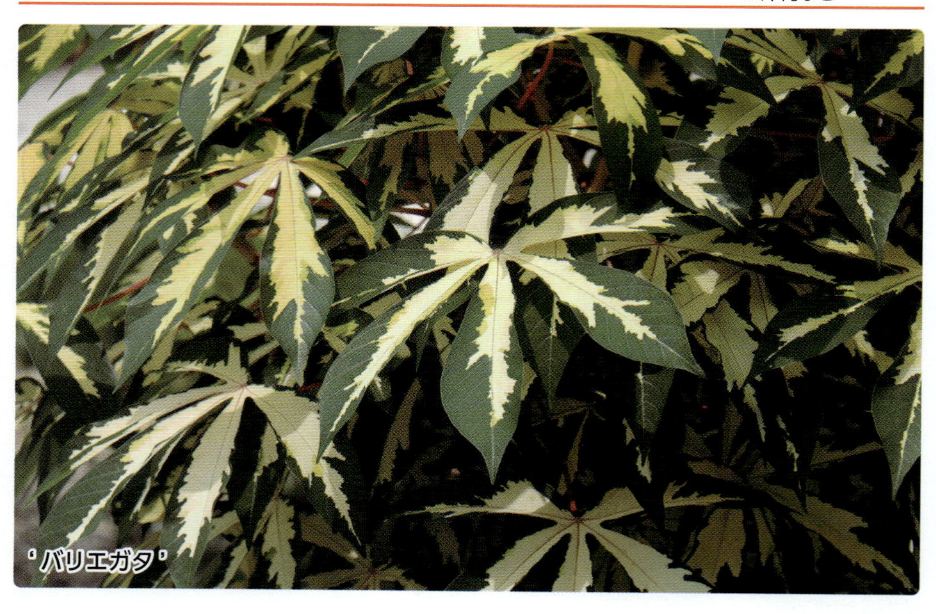

【特徴】

高さ1～3m。地下部にサツマイモに似た塊根ができます。この塊根から採取されたでんぷんが、タピオカの原料としてよく知られます。葉は5～7枚の小葉からなります。栽培品種'バリエガタ'の葉には黄～白色の斑が入り、沖縄などでは庭木などに利用されます。以下の有毒成分が多く含まれる苦味種と、少ない甘味種に大別されます。

【有毒部位】

全株。特に葉と塊根

【成分】

シアン化合物のリナマリン（linamarin）とロトストラリン（lotaustralin）

【病態・症状】

誤って食べた場合

吐き気／嘔吐／腹痛／下痢／呼吸困難／瞳孔散大／興奮／ふらつき／けいれん／脱力／沈うつ／腎臓病／昏睡／心停止

死亡する可能性もあります。

【最初の対応】

摂取量によっては命にかかわります。緊急治療が必要になる可能性があるので、様子を見ずに、ただちに動物病院を受診しましょう。

キョウチクトウ科

アデニウム（砂漠の薔薇）

【学名】*Adenium obesum*　【英名】desert rose

ペットへの有毒性

毒性タイプ

※沖縄など

【特徴】

高さ 1 ～ 3m。種子から栽培すると茎基部がとっくり状に肥大しますが、挿し木苗では肥大しません。花は茎の先に付きます。花は径 5 ～ 7cm、桃赤色で、喉部は淡桃色になります。茎葉を傷つけると乳液が出ます。沖縄などでは庭や公園などに植栽されます。

【有毒部位】

全株。特に乳液

【成分】

強心配糖体（cardiac glycosides）

【病態・症状】

誤って触れた場合

皮膚炎

誤って食べた場合

吐き気／嘔吐／下痢／不整脈／けいれん／意識障害／昏睡／元気消失

まれに**死亡**する可能性もあります。

【最初の対応】

皮膚に触れたら 10 分程度水で洗い、赤みや発疹が現れた場合は動物病院を受診してください。食べた場合、量によっては命にかかわります。緊急治療が必要になる可能性があるので、様子を見ずに、ただちに動物病院を受診しましょう。

キョウチクトウ科

アラマンダの仲間

【学名】*Allamanda*　【和名】アリアケカズラ属

ペットへの有毒性

毒性タイプ

場所

花壇　市街地

※沖縄など

アリアケカズラ（4～10月）

アラマンダ・ブランケティー（4～10月）

ヒメアリアケカズラ（4～10月）

【特徴と主な種類】

◆ **アラマンダ・ブランケティー**　細い枝がややつる状に伸びます。漏斗形の花は赤紫色。

◆ **アリアケカズラ**　つる植物。漏斗形の花は先が5裂し、径5～7cmで、鮮やかな黄色です。

◆ **ヒメアリアケカズラ**　低木状になります。漏斗形の花は黄色。

【有毒部位】

全株。特に果実と根

【成分】

イリドイドラクトン（iridoid lactone）のアラマンジン（allamandin）

【病態・症状】

誤って触れた場合

皮膚炎／眼への刺激／結膜炎

誤って食べた場合

口腔内の強い刺激／吐き気／口渇／流涎／嘔吐／下痢／腎臓病／浮腫

【最初の対応】

皮膚に触れたら10分程度水で洗い、赤みや発疹が現れた場合は動物病院を受診してください。食べた場合、量が少なければ中毒になる可能性は高くありませんが、万が一を考えてすみやかに動物病院を受診しましょう。

キョウチクトウ科

キバナキョウチクトウ

【学名】*Cascabela thevetia*　【異名】*Thevetia peruviana*　【英名】yellow oleander

ペットへの有毒性

毒性タイプ

高

場所

花壇

市街地

※沖縄など

花（7～10月）

果実

【特徴】

高さ8mほど。葉は線形で光沢があり、長さ15cmほどで、中央脈が目立ちます。花には芳香があり、半開します。径3～4cm。花色は黄色、時に橙黄色～黄桃色です。沖縄などでは街路樹、公園樹、庭木などによく植栽されています。

【有毒部位】

全株。白色の汁液、特に種子

【成分】

強心配糖体のテベチンA（thevetin A）、テベチンB（thevetin B）、ペルボシド（peruvoside）、ネリイフォリン（neriifolin）など

【病態・症状】

誤って触れた場合　皮膚炎／結膜炎

誤って食べた場合　吐き気／嘔吐／腹痛／下痢／頻脈／不整脈／呼吸促迫／四肢の冷感／麻痺／興奮／心停止

死亡する可能性もあります。

【最初の対応】

皮膚に触れたら10分程度水で洗い、赤みや発疹が現れた場合は動物病院を受診してください。食べた場合、量によっては命にかかわります。緊急治療が必要になる可能性があるので、様子を見ずに、ただちに動物病院を受診しましょう。

キョウチクトウ科

ミフクラギの仲間

【学名】*Cerbera*　【和名】ミフクラギ属

ペットへの有毒性

毒性タイプ

場所

市街地
※沖縄など

ミフクラギの果実（11～2月）

【特徴と主な種類】

◆ **ミフクラギ**

別名はオキナワキョウチクトウ。高さ6mほど。白色の花は径5cmほどで、喉部に赤い輪が入ります。果実は枝先から垂れ下がり、赤く熟します。沖縄では防風林として一般的に植えられます。

◆ **オオミフクラギ**

高さ10～16m。ミフクラギとよく似ますが、果実は緑色です。

【有毒部位】

全株。特に種子

【成分】

ケルベリン（cerberin）

【病態・症状】

誤って触れた場合　皮膚炎（水疱など）／流涙／眼の充血

誤って食べた場合　口腔の激しい痛みや炎症／吐き気／嘔吐／腹痛／下痢／不整脈／めまい／錯乱／麻痺

死亡する可能性もあります。

【最初の対応】

皮膚に触れたら10分程度水で洗い、赤みや発疹が現れた場合は動物病院を受診してください。食べた場合、量によっては命にかかわります。緊急治療が必要になる可能性があるので、様子を見ずに、ただちに動物病院を受診しましょう。

キョウチクトウ科

プルメリアの仲間

【学名】*Plumeria*　【和名】インドソケイ属　【英名】frangipani

ペットへの有毒性

毒性タイプ

低

場所

屋内　花壇　市街地
※沖縄など

プルメリア・ルブラ（5～10月）

プルメリア・オブツサ（5～10月）

【特徴と主な種類】

沖縄などでは庭木や街路樹に利用されます。挿し穂が土産として販売されています。

◆ プルメリア・オブツサ

高さ 3 ～ 4m。芳香のある花は白色で、喉部は黄色みを帯び、径 7cm ほどです。

◆ プルメリア・ルブラ

和名はインドソケイ。高さ 7 ～ 8m。花には芳香があります。多くの栽培品種が知られます。花色は赤、ピンク、黄、白色など。

【有毒部位】

樹皮、茎葉の切り口から出る乳液

【成分】

樹皮：様々なイリドイド（iridoid）
乳液：プルメリシン（plumericin）、プルミエリド（plumieride）など

【病態・症状】

誤って触れた場合　皮膚炎／眼への刺激
誤って食べた場合　胃腸炎

【最初の対応】

皮膚に触れたら 10 分程度水で洗い、赤みや発疹が現れた場合は動物病院を受診してください。食べた場合、量が少なければ中毒になる可能性は高くありませんが、万が一を考えてすみやかに動物病院を受診しましょう。

第3章

有毒情報がない植物

有毒情報がない植物　85選

「イヌやネコとともに生活を過ごしたい、でも植物も楽しみたい」という方も多いと思います。また、もともと植物愛好家である方が保護犬・保護猫を家に迎える場合があることも想定されます。ここでは、有毒情報がないとされる植物を写真とともに示しました。アメリカ動物虐待防止協会（ASPCA）の公式サイト情報などをもとに、遭遇する場面を主に屋内、屋外に大別しています。あくまでも観賞を目的とする植物について、現在のところ有毒情報が認められないということです。積極的に食べさせる、触れさせるなどの行為は避けてください。

主に屋内（観葉植物）

①セイヨウタマシダ
タマシダ科
【学名】*Nephrolepis exaltata*
写真は'テディー・ジュニア'

②ビカクシダの仲間
ウラボシ科
【学名】*Platycerium*
写真はビカクシダ

③ペペロミア・アルギレイア（スイカペペ）
コショウ科
【学名】*Peperomia argyreia*

④ペペロミア・カペラタ
コショウ科
【学名】*Peperomia caperata*

⑤ペペロミア・クルシイフォリア
コショウ科
【学名】*Peperomia clusiifolia*
写真は'ゼリー'

⑥ペペロミア・オブツシフォリア
コショウ科
【学名】*Peperomia obtusifolia*
写真は'ゴールデン・ゲイト'

⑦ペペロミア・セルペンス
コショウ科
【学名】*Peperomia serpens*
写真は'バリエガタ'

⑧ペペロミア・テトラゴナ
コショウ科
【学名】*Peperomia tetragona*
【異名】*Peperomia puteolata*

⑨十二の巻
ワスレグサ科
【学名】*Haworthiopsis fasciata*
【異名】*Haworthia fasciata*

⑩トックリラン
クサスギカズラ科
【学名】*Beaucarnea recurvata*

⑪オリヅルラン
クサスギカズラ科
【学名】*Chlorophytum comosum*
写真はナカフヒロハオリヅルラン

⑫シャムオリヅルラン
クサスギカズラ科
【学名】*Chlorophytum laxum*
【異名】*Chlorophytum bichetii*

⑬テーブルヤシ
ヤシ科
【学名】*Chamaedorea elegans*

⑭アレカヤシ
ヤシ科
【学名】*Chrysalidocarpus lutescens*

⑮ヒロハケンチャヤシ
ヤシ科
【学名】Howea forsteriana
⑯シンノウヤシ
ヤシ科
【学名】Phoenix roebelenii
⑰カンノンチク
ヤシ科
【学名】Rhapis excelsa
⑱カラテア・インシグニス
クズウコン科
【学名】Goeppertia insignis
【異名】Calathea insignis
⑲カラテア・マコヤナ
クズウコン科
【学名】Goeppertia makoyana
【異名】Calathea makoyana
⑳クリプタンサス・ビビッタツス
パイナップル科
【学名】Cryptanthus bivittatus

㉑クリプタンサス・ゾナツス
パイナップル科
【学名】Cryptanthus zonatus
㉒グズマニア栽培品種
パイナップル科
【学名】Guzmania cvs.

㉓グズマニア・ムサイカ
パイナップル科
【学名】*Guzmania musaica*

㉔ネオレゲリア栽培品種
パイナップル科
【学名】*Neoregelia* cvs.
写真は'セイラーズ・ウォーニング'

㉕エケベリア・デレンベルギー（静夜）
ベンケイソウ科
【学名】*Echeveria derenbergii*

㉖エケベリア・セクンダ
ベンケイソウ科
【学名】*Echeveria secunda*

㉗タマツヅリ
ベンケイソウ科
【学名】*Sedum morganianum*

㉘グレープアイビー
ブドウ科
【学名】*Cissus alata*
写真は'エレン・ダニカ'

㉙セイシカズラ
ブドウ科
【学名】*Cissus discolor*

㉚アルミニウムプラント
イラクサ科
【学名】*Pilea cadierei*

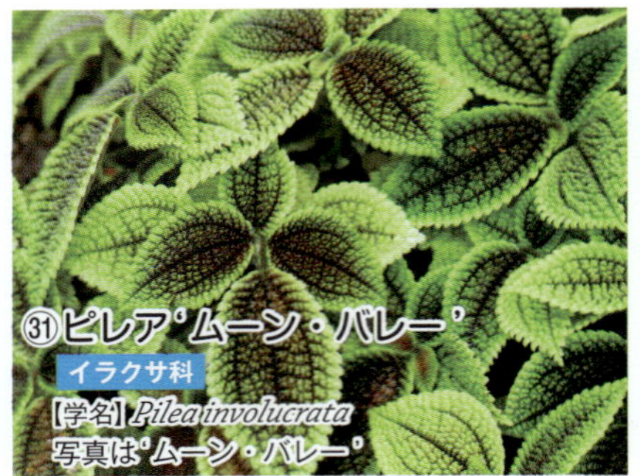
㉛ピレア'ムーン・バレー'
イラクサ科
【学名】*Pilea involucrata*
写真は'ムーン・バレー'

㉜ピレア・ヌムラリフォリア
イラクサ科
【学名】*Pilea nummulariifolia*

㉝ハナビソウ
イラクサ科
【学名】*Procris repens*
【異名】*Pellionia repens*

㉞ベビーティアーズ
イラクサ科
【学名】*Soleirolia soleirolii*

㉟サクララン
キョウチクトウ科
【学名】*Hoya carnosa*
写真は'ルブラ'

㊱ホヤ・ケリー
キョウチクトウ科
【学名】*Hoya kerrii*
写真は'バリエガタ'

㊲エスキナンサスの仲間
イワタバコ科
【学名】*Aeschynanthus*
写真はエスキナンサス・スペキオサス

㊳アフェランドラ・スクアロサ
キツネノマゴ科
【学名】*Aphelandra squarrosa*
写真は'ダニア'

㊴フィットニア
キツネノマゴ科
【学名】*Fittonia albivenis*
写真は'コンパクタ'

㊵ヒポエステス
キツネノマゴ科
【学名】*Hypoestes phyllostachya*
写真は'コンフェッティ・コンパクト・レッド'

㊶ビロードサンシチ（パープル・パッション）
キク科
【学名】*Gynura aurantiaca*

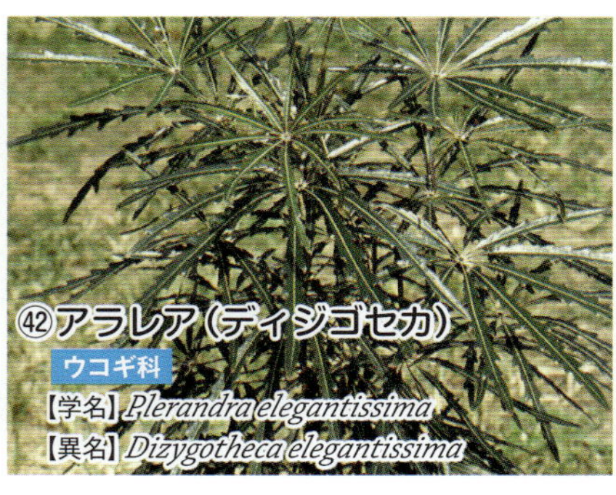
㊷アラレア（ディジゴセカ）
ウコギ科
【学名】*Plerandra elegantissima*
【異名】*Dizygotheca elegantissima*

㊸カトレアの仲間
ラン科
【学名】 *Cattleya*
写真はカトレア・ラビアタ

㊹オンシジウムの仲間
ラン科
【学名】*Oncidium sphacelatum*
写真はオンシジウム・スファセラタム

㊺コチョウランの仲間
ラン科
【学名】*Phalaenopsis*
写真はファレノプシス・アマビリス

㊻バラ
バラ科
【学名】*Rosa* cvs.
（刺を除去した切り花の場合）

主に屋内（鉢花・切り花）

㊼フクシア
アカバナ科
【学名】*Fuchsia × hybrida*
写真は'ブードゥー'

㊽クリスマス・カクタス
サボテン科
【学名】*Schlumbergera* cvs.
写真は'スーパー・ケーニガー'

㊾セントポーリア
イワタバコ科
【学名】*Streptocarpus* cvs.
【異名】*Saintpaulia* cvs.

㊿クロッサンドラ
キツネノマゴ科
【学名】*Crossandra infundibuliformis*

51レモンバーム
シソ科
【学名】*Melissa officinalis*

52バジル
シソ科
【学名】*Ocimum basilicum*
※少量であれば無害

53セージ
シソ科
【学名】*Salvia officinalis*

54ローズマリー
シソ科
【学名】*Salvia rosmarinus*
【異名】*Rosmarinus officinalis*

⑤⑤タイム
シソ科
【学名】*Thymus vulgaris*

⑤⑥コリアンダー（パクチー）
シソ科
【学名】*Coriandrum sativum*

⑤⑦シノブ
シノブ科
【学名】*Davallia mariesii*
シノブ玉としてよく利用される

⑤⑧シデコブシ
モクレン科
【学名】*Magnolia stellata*

⑤⑨トリトマの仲間
ワスレグサ科
【学名】*Kniphofia*
写真はクニフォフィア・トリアンギュラリス

⑥⓪ヤブラン
クサスギカズラ科
【学名】*Liriope muscari*
写真はフイリヤブラン

⑥①ムスカリの仲間
クサスギカズラ科
【学名】*Muscari*
写真はブドウムスカリ

⑥②カンナ
カンナ科
【学名】*Canna × hybrida*

⑥③ハナシュクシャ（ジンジャー・リリー）
ショウガ科
【学名】Hedychium coronarium
⑥④ツボサンゴ（ヒューケラ）
ユキノシタ科
【学名】Heuchera sanguinea
⑥⑤ワイルドストロベリー
バラ科
【学名】Fragaria vesca
⑥⑥サルスベリ
ミソハギ科
【学名】Lagerstroemia indica
⑥⑦タチアオイ
アオイ科
【学名】Alcea rosea
⑥⑧キンレンカ（ナスタチウム）
ノウゼンハレン科
【学名】Tropaeolum majus
⑥⑨セイヨウフウチョウソウ（クレオメ）
フウチョウソウ科
【学名】Cleome houtteana
⑦⓪スイートアリッサム（アリッサム）
アブラナ科
【学名】Lobularia maritima

⑦マルバヒユ
ヒユ科
【学名】*Iresine diffusa* f. *herbstii*
【異名】*Iresine herbstii*
⑫ケイトウの仲間
ヒユ科
【学名】*Celosia*
写真はトサカケイトウ
⑬シバザクラ
ハナシノブ科
【学名】*Phlox subulata*
⑭ツバキ
ツバキ科
【学名】*Camellia japonica*
写真は'乙女'
⑮クチナシ
アカネ科
【学名】*Gardenia jasminoides*
写真はヤエクチナシ
⑯ペチュニア
ナス科
【学名】*Petunia × atkinsiana*
写真は'ロンド・ローズスター'
⑰レンギョウの仲間
モクセイ科
【学名】*Forsythia*
写真はシナレンギョウ
⑱キンギョソウ
オオバコ科
【学名】*Antirrhinum majus*
高性品種は切り花に利用

⑲キンセンカ
キク科
【学名】*Calendula officinalis*
高性品種は切り花に利用

⑳ヤグルマギク
キク科
【学名】*Centaurea cyanus*

㉑ブルーデージー
キク科
【学名】*Felicia amelloides*

㉒ガーベラ
キク科
【学名】*Gerbera jamesonii*

㉓オステオスペルマムの仲間
キク科
【学名】*Osteospermum*

㉔ホソバヒャクニチソウ
キク科
【学名】*Zinnia angustifolia*
写真は'プチランド・ホワイト'

㉕ヒャクニチソウ
キク科
【学名】*Zinnia elegans*
写真は'ドリームランド・コーラル'

付録

用語解説〈植物〉

本書内の植物に関する専門用語とともに、さらに植物図鑑等で調べるために、基本的な植物専門用語を解説しています。より詳しく調べるときには、拙著『最新園芸・植物用語集』（淡交社）を参照してください。

亜低木［あていぼく］
茎の基部が木質化し、先のほうが草状になる小低木。キョウチクトウなど。

いちじく状花序［いちじくじょうかじょ］
→（P319 イラスト参照）

一年草［いちねんそう］
一年生草本。種子を播き、発芽してからその年に開花結実して枯死する草本植物。

異名［いめい］
→学名［がくめい］

羽状複葉［うじょうふくよう］
→（P322 イラスト参照）

腋芽［えきが］
葉の付け根の上部にできる芽のこと。

腋生［えきせい］
芽や花などが葉腋に生じること。

円錐花序［えんすいかじょ］
→（P319 イラスト参照）

雄しべ［おしべ］
雄ずい。種子植物において花粉をつくる雄性の生殖器官。被子植物では葯と花糸からなる（P318 イラスト参照）。

花の模式図（被子植物）

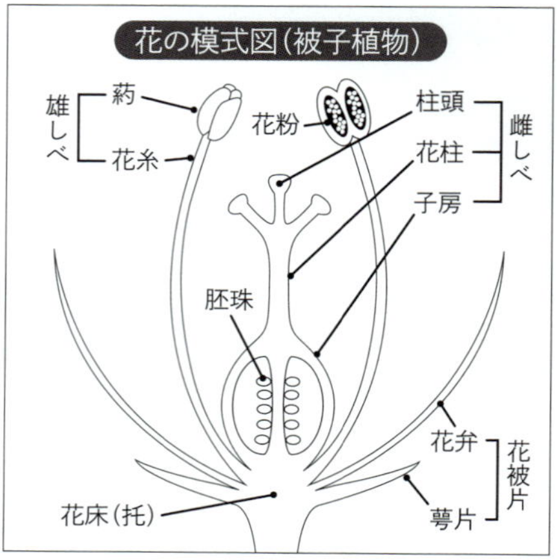

花冠［かかん］
ひとつの花の花弁、または内花被全体をいう。

萼片［がくへん］
花被（P320「花被片」参照）が形のはっきり区別できる内外二層に分かれているとき、外側全体を萼といい、ひとつひとつを萼片という（P318 イラスト参照）。

学名［がくめい］
国際命名規約に基づいて命名された、生物の世界共通の名前で、ラテン語で表記される。唯一正しい学名を正名、ほかを異名という。

花茎［かけい］
ほとんど葉を付けず、その先端に花を付ける茎。例えば、タンポポなど。

仮種皮［かしゅひ］
珠柄、または胎座の一部が発育肥大して、種皮の外側をおおうもの。種衣とも呼ぶ。

花序［かじょ］
花を付ける茎の部分の総称、または茎上の花の並び方をいう（P319 イラスト参照）。

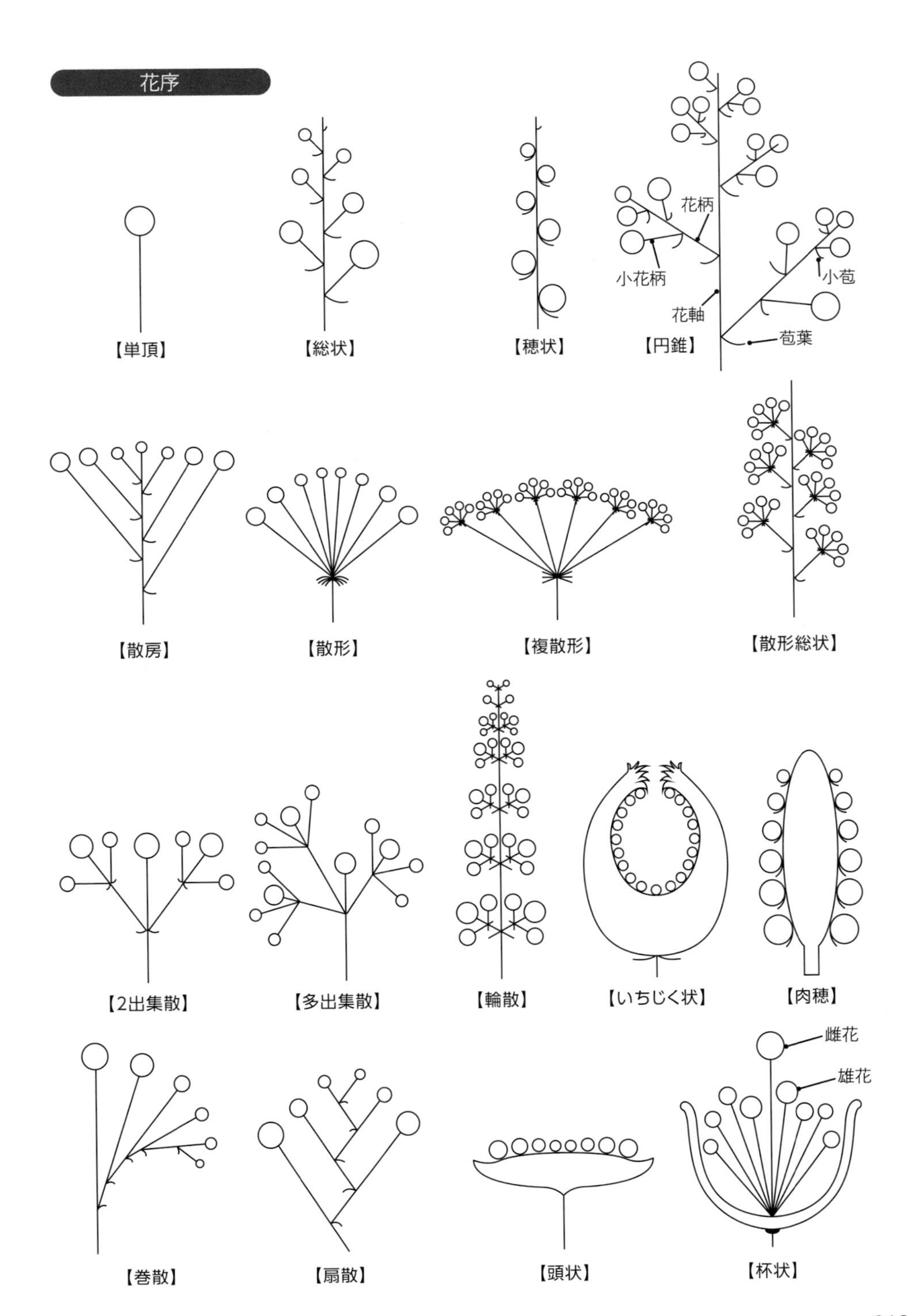
花序
【単頂】
【総状】
【穂状】
花柄
小花柄
小苞
花軸
苞葉
【円錐】
【散房】
【散形】
【複散形】
【散形総状】
【2出集散】
【多出集散】
【輪散】
【いちじく状】
【肉穂】
雌花
雄花
【巻散】
【扇散】
【頭状】
【杯状】

花被片［かひへん］
萼と花冠との区別が形質的にない場合、両者を合わせて花被と呼ぶ。その花被をつくる各裂片をいう（P318 イラスト参照）。

花柄［かへい］
花軸から出て花を付ける小枝。花梗ともいう（P319 イラスト参照）。

管状花［かんじょうか］
管状花冠を持つ花で、ふつうはキク科植物の頭状花序の中央にある花をいう。筒状花ともいう。

球根［きゅうこん］
多年草のうち、地下または地ぎわで肥大した貯蔵繁殖器官を総称して示し、鱗茎、球茎、塊茎、根茎、塊根に大別される。

距［きょ］
スミレやオダマキのように、萼や花弁の一部が、けづめ状に突出した部分。中に蜜をためることが多い。

高木［こうぼく］
成長すると高さ 3 ～ 4m 以上となり、主幹と枝の区別が比較的はっきりしている木本をいう。例えば、ケヤキなど。

互生［ごせい］
葉や枝が互い違いに生ずること。

栽培品種［さいばいひんしゅ］
園芸上に意義のあるなんらかの形質で区別される個体群で、人為的に作出したもの。園芸品種ともいう。

散形花序［さんけいかじょ］
→（P319 イラスト参照）

散房花序［さんぼうかじょ］
→（P319 イラスト参照）

子房［しぼう］
雌しべの下部にある、ふくらんだ部分。中に胚珠を入れ、受精の後、発達して果実となる（P318 イラスト参照）。

雌雄異株［しゆういしゅ］
同一の種に、雌株と雄株があり、おのおのの株には雌花または雄花しか付けないものをいう。例えば、イチョウなど。

集散花序［しゅうさんかじょ］
→（P319 イラスト参照）

雌雄同株［しゆうどうしゅ］
ひとつの株に雄花と雌花を付けるもの。

宿根草［しゅっこんそう］
冬になると地上部は枯死するが、地下部は休眠状態で越冬し、春になると芽を出し、地上部を生育させることを繰り返す草本植物をいう。

主脈［しゅみゃく］
葉の中央を走る太い葉脈。中央脈、中肋ともいう（P323 イラスト参照）。

小高木［しょうこうぼく］
高さ 3 ～ 4m 以上で単幹性の樹木を高木といい、このうち 6 ～ 7m 以下のものをいう。

掌状［しょうじょう］
手のひらを広げたように、一点から分かれて広がった形をいう。

小葉［しょうよう］
複葉をつくっている葉片のひとつひとつをいう（P322 イラスト参照）。

穂状花序［すいじょうかじょ］
→（P319 イラスト参照）

舌状花［ぜつじょうか］
花弁が合着して筒状になり、上部が扁平な舌状に開いた花。ふつうキク科植物の頭状花序の周辺にみられ、タンポポの頭状花序は舌状花のみからなる。

腺点［せんてん］
蜜、油、粘液などを分泌またはためておく小さな点のこと。

総状花序［そうじょうかじょ］
→（P319 イラスト参照）

装飾花［そうしょくか］
ひとつの花序の中で、不稔（ふねん）性で花弁が大きく目立つ花をいう。例えば、ガクアジサイなど。

総苞片［そうほうへん］
花柄の一部が著しく短くなり、苞が一か所に密集したものを総苞といい、キク科の頭状花序、セリ科の散形花序などにみられる。この総苞を構成するひとつひとつの苞を総苞片という。

草本［そうほん］
木部が発達せず、草質の茎葉を持った植物のこと。一・二年草と多年草に区別されるが、後者では冬季地上部が枯死するものと常緑のものとがある。

托葉［たくよう］
葉の基部にある付属体で、葉状、突起状、刺（とげ）状など、植物により多様な形を示す（P323 イラスト参照）。

多肉植物［たにくしょくぶつ］
植物体の一部が分厚くなったり、太くなったりし、水分をたくわえた状態を多肉化するといい、多肉化した植物を多肉植物という。

多年草［たねんそう］
多年生草本。草状の植物で、長年にわたり生長、開花、結実を続けるものをいう。

地下茎［ちかけい］
地中で特殊な形に変化している茎。

柱頭［ちゅうとう］
→（P318 イラスト参照）

頂芽［ちょうが］
茎の先端にある芽のこと。

頂生［ちょうせい］
花などが茎の先端に生じること。側生に対していう。

低木［ていぼく］
高さ３～４m以上に生長する高木に対して、それ以下の高さの木をいう。ふつう、主幹と枝とがはっきりせず、枝分かれも多い。例えば、アジサイなど。

頭状花序［とうじょうかじょ］
→（P319 イラスト参照）

鳥足状［とりあしじょう］
→（P322 イラスト参照）

肉穂花序［にくすいかじょ］
→（P319 イラスト参照）

二年草［にねんそう］
二年生草本。種子が発芽して地上部が発達しても、その年には開花せず、満１年以上経ってから開花、結実して枯れる植物をいう。

乳液［にゅうえき］
植物の乳細胞や乳管中に含まれている白色の乳状の液をいう。トウダイグサ科、クワ科、キョウチクトウ科、キク科などの植物でよくみられる。

杯状花序［はいじょうかじょ］
→（P319 イラスト参照）

副花冠［ふくかかん］
花冠と雄しべのあいだにできた花冠状の付属体をいう。例えば、スイセンなど。副冠ともいう。

複葉

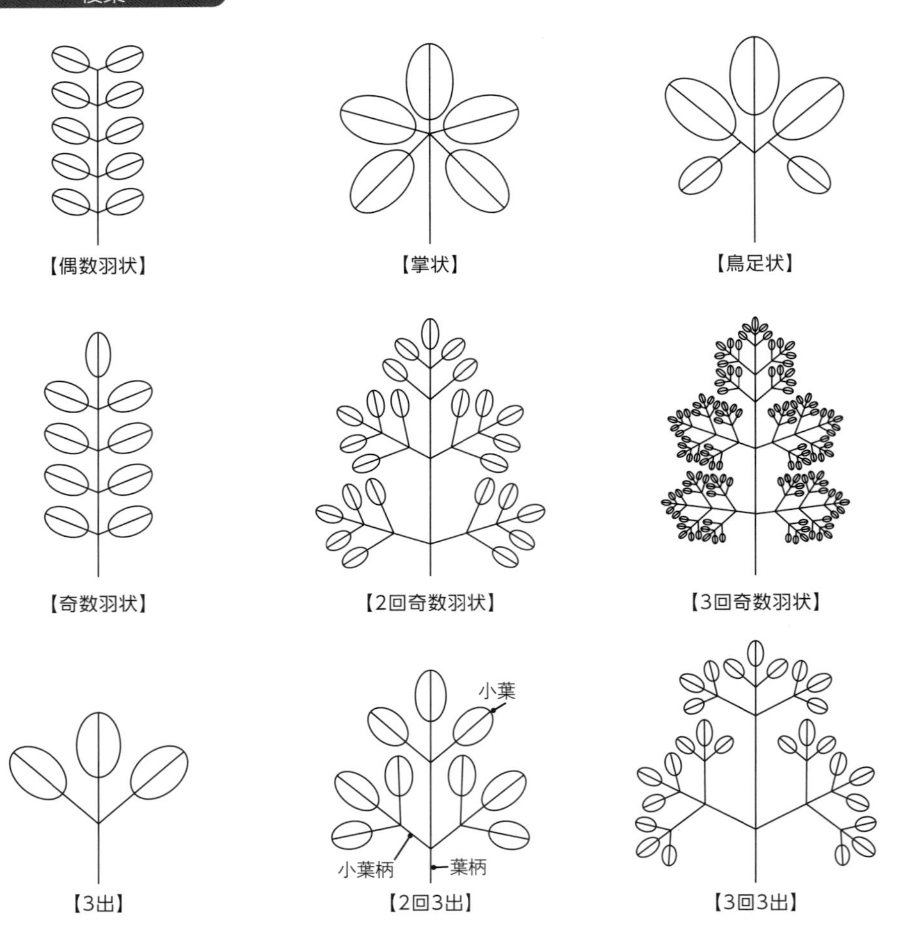

複葉 [ふくよう]

単葉に対して、葉身(ようしん)が完全に分裂し、2枚以上の小葉(しょうよう)からなっているものをいう。その分裂のしかたによって掌状(しょうじょう)複葉と羽状(うじょう)複葉に分けられる(P322イラスト参照)。

付属体 [ふぞくたい]

さまざまな組織に付いた小片のこと。特別にそれを示す専門用語をつくる必要がないとき、付属体と一括して示す。したがって、おのおのの植物によって、付属体の指すものが異なる。

付着根 [ふちゃくこん]

よじ登り植物の茎に生じる不定根のことで、他物に付着して体を支え、上昇するための根をいう。例えば、ツタ、キヅタなど。

仏炎苞 [ぶつえんほう]

肉穂(にくすい)花序を包む大きな苞葉のこと。例えば、ミズバショウ、カラーなど。

苞［ほう］

苞葉。花序や花の下部にあり、葉の変形したもので、芽を保護する（P319 イラスト参照）。

匍匐枝［ほふくし］

地上に伏して細長く伸び、その先に芽を付ける茎のことで、節から根や茎を出して繁殖する。ストロン、匍匐茎、匐枝ともいう。

雌しべ［めしべ］

雌ずい。内部に胚珠を付け、種子をつくる雌性の生殖器官のこと。花の中央にあり、ふつうは子房、花柱、柱頭からなる（P318 イラスト参照）。

木本［もくほん］

木部がよく発達し、多年生の地上茎を持つ植物をいう。

八重咲き［やえざき］

種によって定まった数以上の花弁を持つ花をいう。花弁自体の増加、萼の花弁化、雄しべの花弁化、雌しべの花弁化などにより起こる。

葯［やく］

種子植物の花粉を入れている器官のことをいい、雄しべの面上に付く（P318 イラスト参照）。

葉腋［ようえき］

葉が茎に付く部分で、茎と葉の基部の接合部分をいい、そのあいだから芽が生じる。

葉縁［ようえん］

葉の縁のこと。

葉身［ようしん］

葉の広がった部分をいう（P323 イラスト参照）。

葉柄［ようへい］

葉の葉身と茎を結ぶ、柄のように細くなった部分（P323 イラスト参照）。

翼弁［よくべん］

蝶形花冠の５枚の花弁のうち、中央にある左右２枚の花弁をいう。

両性花［りょうせいか］

ひとつの花の中に雄しべと雌しべを持つ花のこと。

輪生［りんせい］

車輪状。葉などがひとつの節から３枚以上出ること。

ロゼット状［ろぜっとじょう］

根出葉が重なり合って、放射状に詰まって生じた状態をいう。例えば、タンポポなど。

矮性［わいせい］

一般的なものより丈が低いこと。高性に対していう。

和名［わめい］

分類群に対して与えられた日本の普通名をいう。標準とする和名を標準和名というが、一般に和名というと標準和名を指すことが多い。標準和名以外の和名は、別名、俗名、地方名などという。

葉の模式図

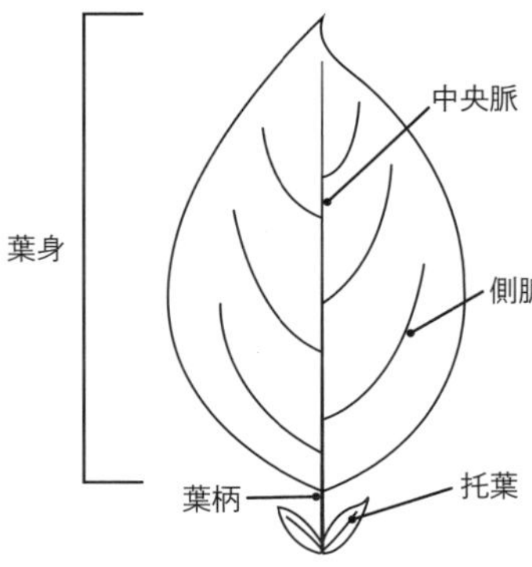

中央脈
葉身
側脈
葉柄
托葉

用語解説〈獣医学〉

ここでは、本書内に登場する獣医学の専門用語のうち、一般的になじみが薄いと思われるものを解説していきます。どの部位に異常が起きているか獣医師に説明したり、愛犬・愛猫の様子を見きわめたりする際の参考にしてください。

あえぎ呼吸 [あえぎこきゅう]
息を短く吸い、長く続けて吐く呼吸型で、死亡前に生じるような呼吸（死戦期呼吸）。

咽喉頭 [いんこうとう]
咽頭は鼻の奥からのど、食道や気管の入り口までの部分。喉頭は咽頭に続く気管の一部。

うっ血 [うっけつ]
血の流れが悪くなり、静脈や組織で血が溜まった状態のこと。

運動失調 [うんどうしっちょう]
麻痺はないが、筋肉がうまく協調的に動かなくなり、ふらついたり、真っ直ぐ歩けなくなったりするもの。

運動不耐性 [うんどうふたいせい]
運動をしたがらない、または運動をしてもすぐに疲れてへばってしまうこと。

嚥下困難 [えんげこんなん]
食べ物や水、唾液などが飲み込みにくい状態。

黄疸 [おうだん]
皮膚や結膜、歯肉などが異常に黄色くなる症状。

開口呼吸 [かいこうこきゅう]
口を開けて呼吸をすること。犬では運動後や興奮時に見られるが、猫が口で呼吸をするときは危ない状態を示すことが多い。

潰瘍 [かいよう]
皮膚や粘膜の損傷により、組織がえぐれてしまったもの。

眼瞼下垂 [がんけんかすい]
まぶた（眼瞼）が垂れ下がること。上まぶたの下垂では、目が見えにくくなることもある。

肝毒性 [かんどくせい]
薬物などによって生じる、肝臓に対する有害な影響や障害のこと。

強直 [きょうちょく]
筋肉がかたくこわばって動かなくなること。または、関節が曲がらなくなり、手足が伸びたままになること。

虚脱 [きょだつ]
血液循環の障害などから、体の力が抜けたり意識障害を引き起こしたりすること。

血液凝固障害 [けつえきぎょうこしょうがい]
血液を固めるのに必要な凝固因子や血小板などの成分の異常から、血が止まりにくくなること。

血便 [けつべん]
消化管から出血した血液が便に混じって出ること。消化管の出血部位により、便の色が黒または赤だったり、ドロッとしたタール状のこともある。

結膜炎 [けつまくえん]
結膜とは、眼球の表面 (一般に " 白目 "

と呼ばれるところ）およびまぶたの裏側をおおう薄い膜のこと。この結膜が炎症を起こし、充血したり、腫れたり、かゆくなったりすること。

口渇 [こうかつ]
口の中が乾燥すること。飲み水を欲することが多い。

光線性皮膚炎 [こうせんせいひふえん]
体内に取り込んだ物質が紫外線に反応することで、皮膚がかぶれたり、かゆみが出たり、水泡ができたりするアレルギー反応のひとつ。光線過敏症ともいう。

呼吸促迫 [こきゅうそくはく]
呼吸が浅く、速くなること。口を開けてハッハッと息をすることが多い。

呼吸不全 [こきゅうふぜん]
肺や呼吸器系の機能が低下し、酸素の取り込みや二酸化炭素の排出がうまくいかない状態。

昏睡 [こんすい]
意識がなくなり、呼びかけや体に触れるなどの刺激に一切反応せず、何をされても目を覚まさない状態。

昏迷 [こんめい]
意識がなくなり、強く揺さぶるなど、強い物理的刺激以外では起きない状態のこと。

嗜眠 [しみん]
眠り続けている状態。強い刺激を与えれば目を覚ますが、すぐにまた寝てしまう。

羞明 [しゅうめい]
まぶしい場所ではないのに、まぶしそうに目を細めること。

腫脹 [しゅちょう]
炎症などにより体の一部が腫れて膨らむこと。

ショック [しょっく]
急激な血圧の低下により、重要な臓器が機能不全になった状態。命の危険が迫っており、緊急治療が必要な状態である。

徐脈 [じょみゃく]
脈が遅くなり、心拍数が減ること。

神経過敏 [しんけいかびん]
少しの刺激にも敏感に反応すること。

神経症状 [しんけいしょうじょう]
神経系がダメージを受けることで起こる症状のこと。強直や運動失調などの運動器系の異常や、同じところをぐるぐる回り続ける旋回運動や視覚障害、性格の変化、けいれんや昏睡、意識障害、斜頸などがある。

振戦 [しんせん]
意思とは関係なく起こる体の一部や全身の不規則な震え。

心毒性 [しんどくせい]
薬物などによって生じる、心臓に対する有害な影響や障害のこと。

心不全 [しんふぜん]
心臓の血液を送るポンプ機能が弱まり、全身が必要とする血液が十分に送り出せず、さまざまな障害が起こること。

すい炎 [すいえん]
すい臓の炎症から、急激な激しい嘔吐や腹痛が見られるもの（急性すい炎）。慢性すい炎は急性すい炎のように症状が激しくないため発見が遅れることも。

前庭疾患 [ぜんていしっかん]
平衡感覚を司る器官に問題が生じ、捻転斜頸（首を傾け、頭が斜めになる状態）や一方向に円を描くようにぐるぐる歩く、眼振、ふらつきなどが起こる疾患。重度になると歩行困難になり、体を回転させ、なかなか止まらなくなる。

喘鳴 [ぜんめい]
呼吸をするときに「ガーガー」「ゼーゼー」と異常な音が発生するもの。

脱水 [だっすい]
体の水分量が不足した状態のこと。

チアノーゼ [ちあのーぜ]
血液中の酸素が不足して、歯肉や舌、皮膚が青っぽくなること。

沈うつ [ちんうつ]
明らかに元気がない状態。

瞳孔散大 [どうこうさんだい]
瞳孔（ひとみ）が通常よりも大きい状態のこと。通常であれば瞳孔は明るいところで小さく、暗いところで大きくなるが、瞳孔散大では明るいところでも大きいままになる。

瞳孔縮小 [どうこうしゅくしょう]
瞳孔（ひとみ）が収縮したままになること。瞳孔は通常、明るいところで小さく、暗いところで大きくなるが、縮瞳の場合は暗くても収縮したままになる。

吐血 [とけつ]
食道、胃および十二指腸などから出血した血液を含むものを吐くこと。一般的には吐物に赤い血が確認できる。

尿石症 [にょうせきしょう]
尿中に含まれる成分が結晶化して腎臓や膀胱で石になる病気。大きさによっては尿と共に排泄されるが、尿管や尿道を詰まらせることも。

肺水腫 [はいすいしゅ]
肺の間質（臓器の中心部分〔実質〕を支えたり結合させたりする組織）や肺胞に水分が貯留し、呼吸促迫や呼吸困難になるもの。

発咳 [はつがい]
咳をすること。

光接触皮膚炎 [ひかりせっしょくひふえん]
皮膚に付いた物質が紫外線に反応することで、皮膚がかぶれたり、かゆみが出たり、水疱ができたりするアレルギー反応のひとつ。

頻脈 [ひんみゃく]
脈が速くなり、心拍数が増えること。

腹部膨満 [ふくぶぼうまん]
通常よりもお腹が膨らむこと。腹水貯留や腹腔内出血などで起こる。

浮腫 [ふしゅ]
皮膚や皮下組織などに水分がたまり、むくみや腫れが見られること。

不整脈 [ふせいみゃく]
心拍が速くなったり、遅くなったり、不規則なリズムになったりする心臓の異常。

ヘッドプレス [へっどぷれす]
壁やドア、部屋の隅などに頭を押し付けたまま動かない行動のこと。

乏尿 [ぼうにょう]
通常よりも尿の量が少なくなる状態のこと。脱水などでも生じるが、腎臓病の徴候の場合がある。後述の無尿になれば命にかかわることも。

発疹 [ほっしん]
皮膚に突然現れる皮膚病のこと。いく

つかタイプがある。

発赤［ほっせき］

炎症などが原因で、皮膚や粘膜の一部が赤くなること。

無尿［むにょう］

尿がまったく出ないこと。末期の腎臓病や急性の腎臓病の可能性が高く、無尿が続くと死亡する。

溶血性貧血［ようけつせいひんけつ］

赤血球が破壊されることによる貧血。

流涎［りゅうぜん］

よだれを垂らすこと。

学名索引

本書内に掲載されている有毒植物の学名をアルファベット順に並べています。なお、(異)は異名であることを表します。

A

B

C

D

E

F

G

H

I

J・K

L

M

N・O

P

R

S

T

U～Z

植物名索引

本書内に掲載されている有毒植物の名前を五十音順に並べています。

あ

か

さ

た

な

は

ま

や

ら

わ

引用・参考文献

＊アルファベット順

【引用・参考文献】

●浅野房世・太田光明・土田あさみ・土橋　豊・水越奈美・山根健治・安藤信貴・小笠原直樹・久保田豊和・山口愉隆. 2023. 文部科学省検定済教科書 生物活用. 実教出版. 東京.

●Bjone, S. J., Brown, W. Y. and Price, I. R. 2007. Grass eating patterns in the domestic dog, Canis familiaris. Recent advances in animal nutrition in Australia. 16: 45-49.

●ブルース, F.（武部正美監訳）. 2003. 愛犬の健康を守る最新ガイドブック 犬の家庭医学大百科. ペットライフ社. 東京.

●Caloni, F., Cortinovis, C., Rivolta, M., Alonge S., and Davanzo, F. 2013. Plant poisoning in domestic animals: Epidemiological data from an Italian survey（2000–2011）. Veterinary record. 172: 580-580.

●Campbell, A. and Chapman, M. 2000. Handbook of Poisoning in Dogs and Cats. Blackwell Publishing. Oxford.

●Cope, R. B. 2005. Allium species poisoning in dogs and cats. Veterinary Medicine-Bonner Springs then Edwardsville. 100: 562-566.

●Dauncey, E. A. 2010. Poisonous Plants: A guide for parents & childcare providers. Kew Publishing. Richmond.

●Dauncey, E. A. and Larson, S. Plants that kill. Quatto Publishing plc. London.

●Frohne, D. and H. J. Pfänder. 2005. Poisomous Plants（2nd ed.）. Manson Publishing. London.

●Fuller, T. C. and McClintock, E. 1986. Poisonous Plants of California. University of California Press. Berkeley.

●船山信次. 1998. アルカロイド. 共立出版. 東京.

●船山信次. 2012a. 毒. PHP研究所. 東京.

●船山信次. 2012b. 毒草・薬草事典. SBクリエイティブ. 東京.

●船山信次. 2013. 毒の科学. ナツメ社. 東京.

●Gfeller, R. W. and Messonnier, S. P. 1998. Handbook of Small Animal Toxicology & Poisonings. Mosby Publishing. St. Louis.

●Hart, B. L., Hart, L. A., Thigpen, A. P. and Willits, N. H. 2021. Characteristics of Plant Eating in Domestic Cats. Animals. 11: 1853.

●服部　幸（監）. 2021. 猫が食べると危ない食品・植物・家の中の物図鑑. ねこねっこ. 千葉.

●Lampe, K. F. and McCann, M. A. 1985. AMA Handbook of Poisonous and Injurious Plants. American Medical Association. Chicago.

●Lewis, S. N., D. S. Richard and M. J. Balick. 2007. Handbook of poisonous and injurious plants（2nd ed.）. Spriger. New York.

●水野瑞夫（監）. 2013. 薬用植物学（改訂第7版）. 南江堂. 東京.

●Murphy, M. J. 1996. A Field Guide to Common Animal Poisons. Iowa State University Press. Iowa.

●O'Kane, N. 2011. Poisonous 2 pets: Plants poisonous to dogs and cats. CSIRO Publishing. Victoria.

●Gupta, P. K. 2019. Concepts and Applications in Veterinary Toxicology. Springer. Cham.

●Salgado, B. S., Monteiro, L. N. and Rocha, N. S. 2011. Allium species poisoning in dogs and cats. Journal of Venomous Animals and Toxins including Tropical Diseases. 17: 4-11.

●佐竹元吉(監). 2012. 日本の有毒植物. 学研教育出版. 東京.

●新獣医学辞典編集委員会. 2008. 新獣医学辞典. チクサン出版社. 東京.

●Smith, C. S. 2003. Dog Friendly Gardens, Garden Friendly Dogs. Dogwise Publishing. Washington.

●Spoerke, D. G. and Smolinske, C. S. 1990. Toxicity of houseplants. CRC Press. Florida.

●Sueda, K. L. C., Hart, B. L. And Cliff, K. D. 2008. Characterisation of plant eating in dogs. Applied Animal Behaviour Science. 111: 120-132.

●鈴木　勉(監). 2015. 毒と薬. 新星出版社. 東京.

●Swirski, A. L., Pearl, D. L., Berke, O. and O'Sullivan, T. L. 2020. Companion animal exposures to potentially poisonous substances reported to a national poison control center in the United States in 2005 through 2014. Journal of the American Veterinary Medical Association, 257: 517-530.

●勅使河原宏・大場秀章(監). 1999. 現代いけばな花材事典. 草月文化事業出版部. 東京.

●土橋　豊. 1992. 観葉植物1000. 八坂書房. 東京.

●土橋　豊. 2013. 日本で見られる熱帯の花ハンドブック. 文一総合出版. 東京.

●土橋　豊. 2014. 園芸活動において注意すべき有毒植物について. 甲子園短期大学紀要. 32:57-67.

●土橋　豊. 2018. 園芸植物による健康被害の状況と課題. 農業および園芸. 93:774-782.

●土橋　豊. 2019. 最新園芸・植物用語集. 淡交社. 京都.

●土橋　豊. 2022. ボタニカルアートで楽しむ花の園芸博物図鑑. 淡交社. 京都.

●土橋　豊. 2022. 人もペットも気をつけたい園芸有毒植物図鑑(増補改訂版). 淡交社. 京都.

●塚本洋太郎(監). 1994.園芸植物大事典コンパクト版(全3巻). 小学館. 東京.

●山根義久(監). 1999. 動物が出合う中毒-意外にたくさんある有毒植物. チクサン出版社. 東京.

●山根義久(監). 2008. 伴侶動物が出会う中毒-毒のサイエンスと救急医療の実際. チクサン出版社. 東京.

●米倉浩司. 2019. 新維管束植物分類表. 北隆館. 東京.

【引用・参考ウェブサイト】

●American Pet Products Association. Pet Industry Market Size, Trends & Ownership Statistics. https://www.americanpetproducts.org/press_industrytrends.asp

●アニコム. 家庭どうぶつ白書2018. https://www.anicom-page.com/hakusho/book/pdf/book_201812.pdf

●島村麻子. 犬、猫の誤飲：傾向と対策【傾向編】. https://www.anicom-page.com/hakusho/journal/pdf/120206.pdf

●ASPCA. Toxic and Non-Toxic Plants. http://www.aspca.org/pet-care/animal-poison-control/toxic-and-non-toxic-plants.

●一般社団法人 ペットフード協会. 令和5年（2023年）全国犬猫飼育実態調査. https://petfood.or.jp/pdf/data/2023/3.pdf

●公益財団法人日本中毒情報センター. 2023年受信報告. https://www.j-poison-ic.jp/jyushin/2023-2/

●厚生労働省. 自然毒のリスクプロファイル. http://www.mhlw.go.jp/topics/syokuchu/poison/.

●日本獣医学会. 日本獣医学学会疾患名用語集. https://ttjsvs.org/?v=top

●農研機構. 写真で見る家畜の有毒植物と中毒. http://www.naro.affrc.go.jp/org/niah/disease_poisoning/plants/index.html

●Royal Botanic Gardens, Kew. Plants of the World Online. https://powo.science.kew.org/

●The Colorado State University. The Poisonous Plant Guide. https://poisonousplants.cvmbs.colostate.edu/Plants/Search

●The European Pet Food Industry. FACTS & FIGURES 2022 European Overview. https://europeanpetfood.org/wp-content/uploads/2024/06/FEDIAF-Facts-Figures-2022_Online100.pdf

著者

土橋　豊（つちはし ゆたか）

大阪府出身。東京農業大学元教授。京都大学博士（農学）。京都大学大学院修士課程修了後、京都府立植物園温室係長、京都府農業総合研究所主任研究員、甲子園短期大学教授、東京農業大学教授などを務める。第18回松下幸之助花の万博記念奨励賞受賞。人間・植物関係学会会長、日本園芸療法学会理事などを歴任。『人もペットも気をつけたい園芸有毒植物図鑑』、『最新園芸・植物用語集』、『ボタニカルアートで楽しむ花の博物図鑑』、『最新 世界のラン図鑑』（いずれも淡交社）、『日本で見られる熱帯の花ハンドブック』（文一総合出版）など著書多数。

監修者

髙島一昭（たかしま かずあき）

広島県出身。獣医師、博士（獣医学）、博士（医学）。1994年に山口大学農学部獣医学科を卒業後、山根動物病院での勤務や鳥取大学大学院医学系研究科医学専攻博士課程などを経て、現在は公益財団法人動物臨床医学研究所副理事長、公益社団法人鳥取県獣医師会会長、公益財団法人鳥取県食鳥肉衛生協会理事長、公益社団法人日本獣医師会理事、倉吉動物医療センター・米子動物医療センター・ゆうアニマルクリニック総院長などを務める。主な著書（分担執筆）に『伴侶動物が出会う中毒　毒のサイエンスと救急医療の実際』（チクサン出版社）、『イヌ・ネコ家庭動物の医学大百科　イヌ・ネコからフェレット・ウサギ・ハムスター・小鳥・カメまで　改訂版』（パイインターナショナル）などがある。

必ず知っておきたい
犬と猫に危険な有毒植物図鑑

2025年3月10日　第1刷発行

著　者	土橋　豊
監修者	髙島一昭
発行者	森田浩平
発行所	株式会社 緑書房
	〒103-0004 東京都中央区東日本橋3丁目4番14号 TEL 03-6833-0560 https://www.midorishobo.co.jp
印刷所	シナノグラフィックス

落丁・乱丁本は弊社送料負担にてお取り替えいたします。

ISBN978-4-86811-020-0
Printed in Japan

編集	鈴木日南子、中村沙緒理
編集協力	川西　諒
本文写真	土橋　豊、PIXTA
カバーデザイン	三橋理恵子（QuomodoDESIGN）
組版	リリーフ・システムズ
イラスト	中島慶子、ヨギトモコ